高等学校教材

新编基础化学实验（Ⅲ）
——物理化学实验

唐浩东　吕德义　周向东　主编

化学工业出版社

·北京·

图书在版编目（CIP）数据

新编基础化学实验（Ⅲ）物理化学实验/唐浩东，吕德义，周向东主编. —北京：化学工业出版社，2008.1（2023.3 重印）
高等学校教材
ISBN 978-7-122-01777-2

Ⅰ. 新… Ⅱ. ①唐…②吕…③周… Ⅲ. 物理化学-化学实验-高等学校-教材 Ⅳ. O6-3

中国版本图书馆 CIP 数据核字（2007）第 203995 号

责任编辑：宋林青　　　　文字编辑：陈　雨
责任校对：吴　静　　　　装帧设计：史利平

出版发行：化学工业出版社（北京市东城区青年湖南街 13 号　邮政编码 100011）
印　　装：北京科印技术咨询服务有限公司数码印刷分部
787mm×1092mm　1/16　印张 9　字数 230 千字　　2023 年 3 月北京第 1 版第 11 次印刷

购书咨询：010-64518888　　　　售后服务：010-64518899
网　　址：http://www.cip.com.cn
凡购买本书，如有缺损质量问题，本社销售中心负责调换。

定　　价：25.00 元

前　言

本书是在浙江工业大学化材学院物理化学实验讲义的基础上，参考了目前国内外物理化学实验教材和工科物理化学实验教学大纲，结合新世纪实验教材改革的形势和本校物理化学实验的基本情况，由唐浩东、吕德义、周向东负责整理编写而成的。

物理化学实验是学生在大学期间最后一门综合性的基础实验课程。因此，不仅要使学生熟悉所做的实验，得到具体操作的基本训练，还要使学生对所用仪器的基本原理和使用方法有全面了解，进而熟悉各类测量方法的原理和技术。故本教材在附录中详细介绍了实验常用的温度、压力测量和控制的基本技术，电学测量、光学测量的基本原理和技术及常用测量仪器的基本原理和使用方法，使学生对这些基本的测量技术有全面了解，为以后的工作和科学研究打下基础。此外，附录中还包括实验所需的物理化学数据、无纸记录仪的使用方法及高压钢瓶的使用常识。

将计算机应用于物理化学实验是教材改革的一种趋势。为了体现这一发展趋势，本书对部分实验编写了计算机在线检测和计算机实验数据处理的内容，并附有参考程序。主要目的在于扩大学生视野，练习用不同手段得到或处理实验数据。

考虑到物理化学实验与理论教学不同步，因此对每个实验的原理、方法、步骤及数据处理作了详细叙述。每个实验都附有讨论和大量思考题，以便学生预习和总结。

本教材是浙江工业大学物理化学教研室全体教师多年教学经验的归纳和总结，本书的编写出版是历年从事物理化学实验教学工作的老师共同努力的结果。在本实验教材的编写过程中，陈丽涛、刘宗健、张帆、肖利华、祝一峰和杨阿三诸位老师提供了许多有益的建议，浙江工业大学化材学院的领导及化学工业出版社的编辑为本书的出版做了许多组织工作，编者在此一并表示衷心感谢。

限于编者的水平，书中难免有不妥与疏漏之处，恳请读者批评指正。

编　者

2007 年 11 月

目　　录

第一章 绪 论

第一节 物理化学实验目的和要求

物理化学实验是一门独立的课程，是在普通物理、无机化学、有机化学与分析化学等实验基础上的一门综合性的基础化学实验，同时又是各化学学科的专业实验与科学研究中有普遍性的基本训练。物理化学实验的主要目的是使学生掌握物理化学实验的基本方法和技能；培养学生正确记录实验数据和现象，正确处理实验数据和归纳、分析实验结果的能力；加深对有关物理化学原理、概念的理解，提高学生灵活运用物理化学原理的能力。

物理化学实验和其他实验课一样，对培养学生独立从事科学研究工作具有重要作用。物理化学实验是用物理的方法研究化学现象，大多数是采用间接测量方法。学生在实验过程中要开动脑筋、钻研问题、勤于动手，做好每一个实验，以便提高自己的实际工作能力。

本实验课程由下列三个教学环节组成：

① 在进行物理化学实验前由教师讲授或由学生自学物理化学实验目的、要求、数据记录、数据处理、数据表达方式、作图技巧及物理化学实验室规则和安全防护知识等。

② 对实验课时为48学时的化工类专业，要求在一学年内完成12个实验操作训练。

③ 进行阶段性的实验方法、实验技术的总结和期末考核。

实验的操作训练是本课程的主要内容，因此要求学生具有严肃认真、实事求是的科学态度和作风。在进行每一个实验时必须做到以下几点：

(1) 实验前预习

学生应事先仔细阅读实验内容，了解实验目的、要求，在此基础上进实验室了解测量装置、仪器的正确使用方法，并写好预习报告(包括实验测量所依据的原理和实验技术，需要测量哪些量、记录哪些数据，明确实验的注意点，列出原始数据记录格式，以及在预习中产生的疑问和要求教师解答的问题等)。预习报告在实验前须经教师检查。

(2) 实验操作及数据记录

学生进实验室后应检查仪器和试剂是否符合实验要求，如发现异常情况应及时报告指导教师或实验员。实验过程中要仔细认真，严格按操作规程进行，细心观察实验现象，完整、准确、清楚、忠实地记录原始数据，所有数据都应该记在记录本上，不要只拣好的记，记录本最好要编号码，不得撕页，不要用铅笔或红笔，不要随意改动数据。确是应舍弃的数据，划上一条细线即可，不要用橡皮擦去。所有测定数据和观察到的现象，均应当时直接记入记录本中，靠记忆或记在纸片上，以后转记，以及为了使记录漂亮而誊清等，都是不可取的。实验过程中，还应积极思考，善于发现和解决出现的各种问题。

在实验结束前，应该核对数据，对测量结果进行估算或作出草图，如果不符合要求必须补测数据或重做。实验结束后，应仔细清洗仪器，使测量装置恢复原状，经教师检查签名后方可离开实验室。

(3) 实验报告

认真写作实验报告是每个进行科学实验的人都必须做的一项重要工作，也是培养学生独立工作能力的一个重要环节，要求学生独立完成。

实验报告内容应包括：姓名，日期，实验目的要求，简明原理，实验条件，药品规格，仪器型号及测量装置示意图，实验操作步骤与方法，实验数据及其处理方法(包括正确列表与作图)，实验结果及其讨论，并列出参考资料等。对于结果的讨论，应从自己的实验实际情况出发，通过误差计算，对实验结果的可靠程度、实验现象恰如其分地加以分析和解释。

实验报告的书写必须准确、清楚，不可粗枝大叶、字迹潦草，如不符合要求应重写。

第二节　物理化学实验中误差问题和数据处理

在测量时，由于外界条件的影响，仪器的优劣以及感觉器官的限制，实验测得的数据只能达到一定的准确度。在进行实验的时候，事先了解所能达到的准确程度，以及在实验以后科学地分析和处理数据的误差，对提高实验水平可起到一定的指导作用。首先，对于准确度的要求在各种情况下是很不相同的。要把测量的准确度提高一点，往往要大大提高对仪器药品的要求，付出巨大的劳动。故不必要的提高会造成人力和物力的浪费；然而过低的准确度又会大大降低测量的价值。因此，对于测量准确度的恰当要求是极其重要的。另外，了解误差的种类、起因和性质就可帮助我们抓住提高准确度的关键，集中精力突破难点。通过对实验过程的误差分析，还可以帮助我们挑选合适的条件。可见，在测量过程中误差问题是十分重要的。实验者如缺乏对误差的合理认识，那么在测量过程中将带有一定的盲目性，往往得不到合理的实验结果。

一、直接测量和间接测量

一切物理量的测量，可分为直接测量和间接测量两种。

1. 直接测量

测量结果可直接用实验数据表示的，称为直接测量。例如用尺测量长度，用天平称量物质质量，用温度计测量温度等，均属于直接测量。

2. 间接测量

测量结果要由若干个直接测定的数据，运用某种公式计算而得的测量，称为间接测量。物理化学实验的测量大都属于这种间接测量。如用冰点下降法测定物质的分子量。先要测量溶剂、溶质的质量，再测体系的温度变化，然后将所测量的数据经一定公式运算，才能得到所求的结果。

在实际测量中，由于测量仪器不准，测量方法不完善以及各种因素的影响，都会使测量值与真实值之间存在着一个差值，称为测量误差。大量实践表明，一切实验测量的结果都具有这种误差。那么，在真值不知道的情况下（假如已经知道真值，测量似乎就没有必要了），怎样确定测量的结果是否可靠，如何表示测量结果的可靠值和它的可靠程度，以及进一步寻找实验发生差值的根源，从而使测量结果足够准确等，这些就是本章讨论的问题。由于这里偏重于误差理论在物理化学实验中的应用，因此，关于误差理论中的一些基本名词，只有文中引用的加以解释，一些基本公式，一般直接引用，不另证明。

二、测量误差的分类、来源及其对测量结果的影响和消除方法

根据误差的性质，可把测量误差分为系统误差、偶然误差和过失误差三类。

1. 系统误差

在相同条件下多次测量同一物理量时，测量误差的绝对值（即大小）和符号保持恒定，

或在条件改变时，按某一确定规律而变化的测量误差，这种测量误差称为系统误差。

系统误差的主要来源有：

① 仪器刻度不准或刻度的零点发生变动，样品的纯度不符合要求等。

② 实验控制条件不合格，如用毛细管黏度计测量液体的黏度时，恒温槽的温度偏高或偏低都会产生显著的系统误差。

③ 实验者感官上的最小分辨力和某些固有习惯等引起的误差。如读数时恒偏高或偏低；在光学测量中用视觉确定终点和电学测量中用听觉确定终点时，实验者本身所引进的系统误差。

④ 实验方法有缺点或采用了近似的计算公式。例如用冰点测出的分子量偏低于真值。

2. 偶然误差

在相同条件下多次重复测量同一物理量，每次测量结果都有些不同(在末位数字上不同)，它们围绕着某一个数值上下无规则地变动，其误差符号时正时负，其误差绝对值时大时小。这种误差称为偶然误差。

造成偶然误差的原因大致来自：

① 实验者对仪器最小分度值以下的估读，很难每次严格相同。

② 测量仪器的某些活动部件所指示的测量结果，在重复测量时很难每次完全相同。这种现象在使用年久或质量较差的电学仪器时最为明显。

③ 暂时无法控制的某些实验条件变化，也会引起测量结果不规则的变化。如许多物质的物理化学性质与温度有关，实验测定过程中，温度必须控制恒定，但温度恒定总有一定限度，在这个限度内温度仍然不规则地变动，导致测量结果也发生不规则变动。

3. 过失误差

由于实验者的粗心、不正确操作或测量条件的突变引起的误差，称为过失误差。例如用了有问题的仪器，实验者读错、记错或算错数据等都会引起过失误差。

上述三类误差都会影响测量结果。显然，过失误差在实验工作中是不允许发生的，如果仔细专心地从事实验，也是完全可以避免的。因此这里着重讨论系统误差和偶然误差对测量结果的影响。为此，需要给出系统误差和偶然误差的严格定义：

设在相同的实验条件下，对某一物理量 x 进行等精度的独立的 n 次测量，得值

$$x_1,\ x_2,\ x_3,\ \cdots,\ x_i,\ \cdots,\ x_n$$

则测定值的算术平均值为

$$\overline{x} = \frac{1}{n}\sum_{i=1}^{n} x_i \tag{1-1}$$

当测量次数 n 趋于无穷大($n\rightarrow\infty$) 时，算术平均值的数学期望 x_∞ 为

$$x_\infty = \lim_{n\rightarrow\infty} \overline{x} = \lim_{n\rightarrow\infty} \frac{1}{n}\sum_{i=1}^{n} x_i \tag{1-2}$$

测定值 x_∞ 的数学期望与测量值的真实值 $x_{真}$ 之差被定义为系统误差 ε，即

$$\varepsilon = x_\infty - x_{真} \tag{1-3}$$

n 次测量中各次测量值 x_i 与测量值的数学期望 x_∞ 之差，被定义为偶然误差，即

$$\delta_i = x_i - x_\infty\ (i=1,2,3,\cdots,n) \tag{1-4}$$

故有

$$\varepsilon + \delta_i = x_i - x_{真} = \Delta x_i \tag{1-5}$$

式中，Δx_i 为测量次数从 1 至 n 的各次测量误差，它等于系统误差和各次测量的偶然误差 δ_i 的代数和。

从上述定义不难了解，系统误差越小，则测量结果越准确。因此系统误差 ε 可以作为衡量测定值的数学期望与其真值偏离程度的尺度。偶然误差 δ_i 说明了各次测定值与其数学期望的离散程度。测量数据越离散，则测量的精密度越低，反之越高。Δx_i 反映了系统误差与偶然误差的综合影响，故它可作为衡量测量精确度的尺度。所以，一个精密测量结果可能不正确(未消除系统误差)，也可能正确(消除了系统误差)。只有消除了系统误差，精密测量才能获得准确的结果。

消除系统误差，通常可采用下列方法：

① 用标准样品校正实验者本身引进的系统误差。

② 用标准样品或标准仪器校正测量仪器引进的系统误差。

③ 纯化样品，校正样品引进的系统误差。

④ 实验条件、实验方法、计算公式等引进的系统误差，则比较难以发觉，须仔细探索是哪些因素不符合要求，才能采取相应措施设法消除之。

此外，还可以用不同的仪器、不同的测量方法、不同的实验者进行测量和对比，以检出和消除这些系统误差。

三、偶然误差的统计规律和处理方法

1. 偶然误差的统计规律

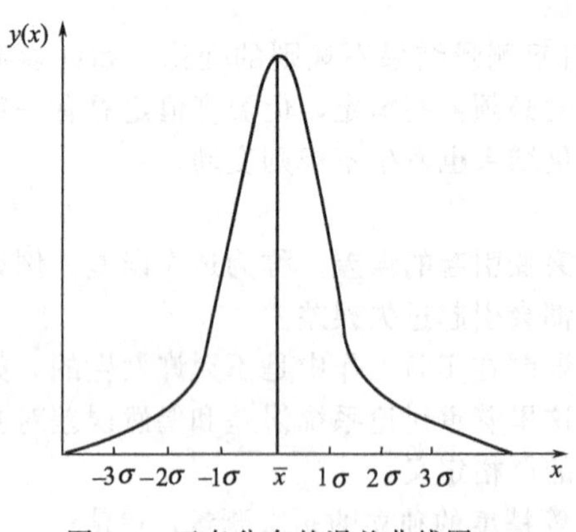

图 1-1 正态分布的误差曲线图

如前所述，偶然误差是一种不规则变动的微小差别，其绝对值时大时小，其符号时正时负。但是，在相同的实验条件下，对同一物理量进行重复的测量，则发现偶然误差的大小和符号完全受到某种误差分布(一般指正态分布)的概率规律所支配。这种规律称为误差定律。偶然误差的正态分布如图 1-1 所示。图中 $y(x)$ 代表测定值的概率密度；σ 代表标准误差，在相同条件下的测量中其数值恒定，它可作为偶然误差大小的量度。

根据误差定律，不难看出偶然误差有下述特点：

① 在一定的测量条件下，偶然误差的绝对值不会超过一定的界限；

② 绝对值相同的正、负误差出现的机会相同；

③ 绝对值小的误差比绝对值大的误差出现的机会多；

④ 以相同精度测量某一物理量时，其偶然误差的算术平均值随着测量次数 n 的无限增加而趋近于零，即

$$\lim_{n\to\infty}\bar{\delta}=\lim_{n\to\infty}\frac{1}{n}\sum_{i=1}^{n}\delta_i=0 \tag{1-6}$$

因此，为了减小偶然误差的影响，在实际测量中常常对被测的物理量进行多次重复的测量，以提高测量的精密度或重现性。

2. 可靠值及其可靠程度

在等精度的多次重复测量中，由于每次测定的大小不等，那么如何从一系列的测量数据 x_1，x_2，x_3，…，x_n 中来确定被测物理量的可靠值呢？

在只有偶然误差的测量中，假设系统误差已被消除，即

$$\varepsilon=x_\infty-x_{真}=0$$

于是得到

$$x_{真}=x_{\infty}=\lim_{n\to\infty}\bar{x} \tag{1-7}$$

上式说明，在消除了系统误差之后，测定值的数学期望 x_{∞} 等于被测物理量的真值 $x_{真}$，这时测量结果不受偶然误差的影响。

但是，在有限次测量时，我们无法求得测量值的数学期望 x_{∞}。然而，在大多数场合下，可以用测量值的算术平均值 $\bar{x}$ 作为测量结果的可靠值，因为此时 $\bar{x}$ 远比各次测定的 x_i 值更逼近于真值 $x_{真}$。

显然，$\bar{x}$ 并不完全等于 $x_{真}$，故还希望知道这个可靠值 $\bar{x}$ 的可靠程度如何，即 $\bar{x}$ 与 $x_{真}$ 究竟可能相差多大。按照误差定律，可以认为 $x_{真}$ 在绝大多数情况下（概率为 99.79%）是落在

$$\bar{x}\pm 3\sigma_{\bar{x}} \tag{1-8}$$

的范围内，式中的 $\sigma_{\bar{x}}$ 称为平均值标准误差。

$$\sigma_{\bar{x}}=\sqrt{\frac{\sum_{i=1}^{n}(x_i-\bar{x})^2}{n(n-1)}} \tag{1-9}$$

也就是说以平均值标准误差的 3 倍作为有限次测量结果（可靠值 $\bar{x}$）的可靠程度。

实际应用式(1-8) 来表示可靠值的可靠程度，有时嫌其麻烦。因为在物理化学实验中，实际上测定某物理量的重复次数是很有限的；同时各次测量时实验条件的控制也并非完全相同，故它的可靠程度比按误差理论得出的结果还要差一些。所以在物理化学实验数据的处理中，常常将式(1-8) 简化为

若 $n\geqslant 15$，则

$$\bar{x}\pm a \tag{1-10}$$

若 $n\geqslant 5$，则

$$\bar{x}\pm 1.73a \tag{1-11}$$

$$a=\frac{1}{n}\sum_{i=1}^{n}|x_i-\bar{x}| \tag{1-12}$$

式中，a 称为平均误差。

式(1-10)、式(1-11) 应用起来很方便，它表明了测量结果的可靠程度。换言之，如果测定重复了 15 次或更多，那么 $x_{真}$ 值落在 $\bar{x}\pm a$ 的范围内；如果重复测定的次数只有 5 次或 5 次以上，那么 $x_{真}$ 值落在 $\bar{x}\pm 1.73a$ 的范围内。

3. 测量的精密度

单次测量值 x_i 与可靠值 $\bar{x}$ 的偏差程度称为测量的精密度。精密度一般常用三种不同方式来表示。

① 用平均误差 a 表示。

② 用标准误差 σ 表示：

$$\sigma=\sqrt{\frac{\sum_{i=1}^{n}(x_i-\bar{x})^2}{n-1}} \tag{1-13}$$

σ 是单次测量值 x_i 与可靠值 $\bar{x}$ 的标准误差。它与式(1-9) 的平均值标准误差的关系是 $\sigma_{\bar{x}}\frac{\sigma}{\sqrt{n}}$，即 $\sigma_{\bar{x}}$ 的大小与测量次数 n 的平方根成反比。

③ 用偶然误差 P 表示：

$$P=0.6745\sigma \tag{1-14}$$

上面三种方式都可用来表示测量的精密度，但在数值上略有不同，它们的关系是

$$P : a : \sigma = 0.675 : 0.794 : 1.00$$

物理化学实验中通常用平均误差或标准误差来表示测量的精密度。由于不能肯定 x_i 离 $\overline{x}$ 是偏高还是偏低，所以测量结果常用 $\overline{x} \pm \sigma$(或 $\overline{x} \pm a$) 来表示；σ(或 a) 越小，表示测量的精密度越好。有时也用相对精密度 $\sigma_{相对}$，即

$$\sigma_{相对} = \frac{\sigma}{\overline{x}} \times 100\% \tag{1-15}$$

来表示测量的精密度。

【例题 1】 对某种样品重复做 10 次色谱分析实验，分别测得其峰高 x_i (mm) 列于表 1-1，试计算它的平均误差和标准误差，正确表示峰高的测量结果。

表 1-1

n	x_i/mm	$\lvert x_i - \overline{x} \rvert$	$(x_i - \overline{x})^2$
1	142.1	4.5	20.25
2	147.0	0.4	0.16
3	146.2	0.4	0.16
4	145.2	1.4	1.96
5	143.8	2.8	7.84
6	146.2	0.4	0.16
7	147.3	0.7	0.49
8	156.3	3.7	13.69
9	145.9	0.7	0.49
10	151.8	5.2	27.04
合计	1471.8	20.2	72.24

算术平均值（可靠值）$\overline{x} = \frac{1471.8}{10} = 147.2$ (mm)

平均误差 $a = \frac{20.2}{10} = 2.0$ (mm)

标准误差 $\sigma = \sqrt{\frac{72.24}{10-1}} = 2.8$ (mm)

则峰高测量结果为 147.2mm± 2.8mm

相对精密度 $\frac{\sigma}{\overline{x}} \times 100\% = \frac{2.8}{147.2} \times 100\% = 1.9\%$

4. 测量的准确度

定义如下：

$$b = \frac{1}{n} \sum_{i=1}^{n} \mid x_i - x_{真} \mid \tag{1-16}$$

由于在大多数物理化学实验中 $x_{真}$ 正是我们要求测定的结果，因此准确度 b 通常很难算出。但一般可近似地用 $x_{标}$ (标准值)来代替 $x_{真}$，所谓标准的含义是指用其他更可靠的方法测出的值。大部分物理化学实验所测的物理量，都有符合这种意义的标准值存在。则此时测量的准确度可近似地表示为：

$$b = \frac{1}{n} \sum_{i=1}^{n} \mid x_i - x_{标} \mid \tag{1-17}$$

必须指出，在实际工作中应注意准确度和精密度的区别，不要把两者相互混淆。从两者定义，我们不难看出下述结论：

① 一个精密度很好的测量结果，其准确度不一定很好，但准确度好的测量结果，精密度必须很好。

② 通常可用准确度来形容某一测量的系统误差的大小，系统误差小的实验测量称为准确度高的测量；同样，可用精密度来形容某一测量的偶然误差的大小，偶然误差小的实验测量称为精密度高的测量。

③ 当 $x_{标}$ 落在 $\bar{x}\pm a$ 的范围内时，表明测量的系统误差小；当 $x_{标}$ 落在 $\bar{x}\pm a$ 的范围外(若 $n\geqslant15$)，即

$$|\bar{x}-x_{标}|>a$$

此时测量的精密度可能符合要求，但测量的准确度差，说明测量的系统误差大。

5. 可靠程度的估计

虽然 a 或 $\sigma_{\bar{x}}$ 的计算并不困难，也不算繁，但通常至少要测五个 x_i(即 n 不小于5)，才能得到可靠值的可靠程度。而大部分物理化学实验中，并不要求准确地求出可靠程度，而且一般只测一个 x_i（须知若要求测五个 x_i，则实验工作量增大为五倍），此时，可按所用仪器的规格，估计出测量值的可靠程度。例如，大部分合格的容量玻璃仪器，按标准操作方法使用时的精密度约为 0.2%（即$\frac{a}{x}\times100\%=0.2\%$）。

(1) 容量仪器（用平均误差表示）

移液管	一等	二等
50mL	±0.05mL	±0.12mL
25mL	±0.04mL	±0.10mL
10mL	±0.02mL	±0.04mL
5mL	±0.01mL	±0.03mL
2mL	±0.006mL	±0.015mL

容量瓶	一等	二等
1L	±0.30mL	±0.60mL
500mL	±0.15mL	±0.30mL
250mL	±0.10mL	±0.20mL
100mL	±0.10mL	±0.20mL
50mL	±0.05mL	±0.10mL
25mL	±0.03mL	±0.06mL

(2) 称量仪器（用平均误差表示）

分析天平	一等	0.0001g
	二等	0.0004g
工业天平（或称物理天平）	0.001g	
台秤	称量 1kg	0.1g
	称量 100g	0.01g

(3) 温度计

一般取其最小分度值的 1/10 或 1/5 作为其精密度。例如 1℃刻度的温度计的精密度估读到±0.2℃，1/10 刻度的温度计估读到±0.02℃。

(4) 电表

新的电表可按其说明书中所述准确度来估计，例如 1.0 级电表的准确度为其最大量程值

的1%；0.5级电表的准确度为其最大量程的0.5%。电表的精密度不可贸然认为就等于其最小分度值的1/5或1/10。电表新旧程度对电表精密度的影响也特别显著，因此，电表测量结果的精密度最好每次测定。

四、怎样使测量结果达到足够的精密度

综上所述可知，测定某一物理量时，应按下列次序进行：

1. 仪器的选择

按实验要求，确定所用仪器的规格，仪器的精密度不能低于实验结果要求的精密度，但也不必过分高于实验结果要求的精密度。

2. 校正实验的仪器和药品可能引起的系统误差

即校正仪器，纯化药品，并先用标准样品测量。

3. 减小测量过程中的偶然误差

测定某物理量 x 时，要在相同的实验条件下连续重复测量多次，直至发现这些数值 x_i 围绕某一数值上下不规则地变动时，取这种情况下的这些数值的算术平均值

$$\overline{x}=\frac{\sum_{i=1}^{n}x_i}{n}$$

作为初步的测量结果，并要求出其精密度

$$a=\frac{\sum_{i=1}^{n}\mid x_i-\overline{x}\mid}{n}$$

4. 进一步校正系统误差

将 $\overline{x}$ 与标准值 $\overline{x}_{标准}$ 比较，若二者差值 $\mid\overline{x}-x_{标准}\mid$ 小于 a（若 $\overline{x}$ 是重复测15次或更多次时的平均值）或 $1.73a$（若 $\overline{x}$ 是重复测5次或更多次时的平均值），测量结果就是对的，这时，我们在原则上无法判断是否还存在其他系统误差。如果认为所得结果的精密度已够好的话，测定工作至此便告结束。

反之，若 $\mid\overline{x}-x_{标准}\mid$ 大于 a（$n\geqslant15$ 时）或 $1.73a$（$n\geqslant5$ 时），则说明测定过程中有“错误”或存在系统误差，“错误”（或称个人的过失误差）是实验工作中不允许存在的。我们假定这里不存在“错误”，可以得出结论，这里的系统误差应源于实验条件控制不当、实验方法或计算公式本身有问题。于是需要进一步探索，反复试验（例如改变实验条件，改用其他实验方法或计算公式等），找出症结，直至 $\mid\overline{x}-x_{标准}\mid\leqslant a$（或 $1.73a$）为止。如果这种探索、试验并不能使 $\mid\overline{x}-x_{标准}\mid\leqslant a$（或 $1.73a$），同时又能用其他办法证明测定的条件、方法、公式等不存在系统误差，那么可以怀疑标准本身存在系统误差，再经仔细证实后，老的标准值将为新的标准值所代替。

如果待测物质的某物理量暂时不存在标准值，那么原则上在测定前应先选一个已知该物理量标准值的物质进行测量，结果达到上述要求后，才能测定该待测物质。

五、间接测量结果的误差计算——误差的传递

前面几节中所谈的主要是直接测定某物理量时的情况。大多数物化实验中，实验的最终结果是通过间接测定两个或两个以上的物理量并经若干数学运算后才能得到的。这种测量称为间接测量。下面讨论，怎样确定间接测量结果的误差以及最终结果的可靠程度。

1. 平均误差与相对平均误差的传递

设某量 y 是从测量 α_1、α_2、…、α_n 等量而求得，即 y 为 α_1、α_2、…、α_n 等的函数，写作

$$y=f(\alpha_1, \alpha_2, \cdots, \alpha_n) \tag{1-18}$$

现已知测定 α_1、α_2、…、α_n 时的平均误差分别为 $\Delta\alpha_1$、$\Delta\alpha_2$、…、$\Delta\alpha_n$，要求 y 的平均误差 Δy 是多少？

将式(1-18) 微分，得：

$$dy=\left(\frac{\partial y}{\partial \alpha_1}\right)_{\alpha_2,\alpha_3\cdots} d\alpha_1+\left(\frac{\partial y}{\partial \alpha_2}\right)_{\alpha_1,\alpha_3\cdots} d\alpha_2+\cdots+\left(\frac{\partial y}{\partial \alpha_n}\right)_{\cdots,\alpha_{n-2},\alpha_{n-1}} d\alpha_n \tag{1-19}$$

设 $\Delta\alpha_1$、$\Delta\alpha_2$、…、$\Delta\alpha_n$ 等都足够小时，则式(1-19) 可以改写成：

$$\Delta y=\left(\frac{\partial y}{\partial \alpha_1}\right)_{\alpha_2,\alpha_3\cdots} \Delta\alpha_1+\left(\frac{\partial y}{\partial \alpha_2}\right)_{\alpha_1,\alpha_3\cdots} \Delta\alpha_2+\cdots+\left(\frac{\partial y}{\partial \alpha_n}\right)_{\cdots,\alpha_{n-2},\alpha_{n-1}} \Delta\alpha_n \tag{1-20}$$

这就是间接测量中计算最终结果的平均误差的普遍公式。

将式(1-18) 两边取对数，再求微分，最后将 $d\alpha_1$、$d\alpha_2$、…、$d\alpha_n$、dy 等分别换成 $\Delta\alpha_1$、$\Delta\alpha_2$、…、$\Delta\alpha_n$、Δy 则得

$$\frac{\Delta y}{y}=\left|\frac{f'_{\alpha_1}}{f}\cdot\Delta\alpha_1\right|+\left|\frac{f'_{\alpha_2}}{f}\cdot\Delta\alpha_2\right|+\cdots+\left|\frac{f'_{\alpha_n}}{f}\cdot\Delta\alpha_n\right| \tag{1-21}$$

式中，f'_{α_1}、f'_{α_2}、…、f'_{α_n} 分别是 f 对 α_1、α_2、…、α_n 的导数。

式(1-20) 和式(1-21) 分别是计算最终结果的平均误差和相对平均误差的普遍公式。下面介绍一些特殊情况下的结论，证明从略。

① 和或差的平均误差等于各分量的误差之和，即若

$$y=\alpha_1\pm\alpha_2\pm\cdots\pm\alpha_n \tag{1-22}$$

则

$$\Delta y=|\Delta\alpha_1|+|\Delta\alpha_2|+\cdots+|\Delta\alpha_n| \tag{1-23}$$

② 乘积或商值的相对平均误差等于乘式或除式中各因子的相对平均误差之和，即若

$$y=\frac{\alpha_1\alpha_2\cdots\alpha_n}{\alpha_{n+1}\alpha_{n+2}\cdots\alpha_{n+m}} \tag{1-24}$$

$$\left|\frac{\Delta y}{y}\right|=\left|\frac{\Delta\alpha_1}{\alpha_1}\right|+\left|\frac{\Delta\alpha_2}{\alpha_2}\right|+\cdots+\left|\frac{\Delta\alpha_n}{\alpha_n}\right|+\left|\frac{\Delta\alpha_{n+1}}{\alpha_{n+1}}\right|+\cdots+\left|\frac{\Delta\alpha_{n+m}}{\alpha_{n+m}}\right| \tag{1-25}$$

式(1-23) 和式(1-25) 对于只包含简单加、减、乘、除计算式的间接测量，应用颇为方便。如果计算式的中还包含对数项、指数项 、三角函数等特殊函数，应直接用式(1-20) 和式(1-21) 求得。

2. 标准误差的传递

设
$$y=f\ (\alpha_1,\ \alpha_2,\ \cdots,\ \alpha_n)$$

α_1、α_2、…、α_n 的标准误差分别为 σ_{α_1}、σ_{α_2}、…、σ_{α_n}，则 y 的标准误差为：

$$\sigma_y=[(f'_{\alpha_1})^2\sigma_{\alpha_1}^2+(f'_{\alpha_2})^2\sigma_{\alpha_2}^2+\cdots+(f'_{\alpha_n})^2\sigma_{\alpha_n}^2]^{\frac{1}{2}} \tag{1-26}$$

其证明从略，式(1-26) 是计算最终结果的标准误差普遍公式。

下面是两个特例：

① 设 $y=\alpha_1\pm\alpha_2$

$$\sigma_y=(\sigma_{\alpha_1}^2+\sigma_{\alpha_2}^2)^{\frac{1}{2}} \tag{1-27}$$

② 设 $y=\alpha_1/\alpha_2$

$$\sigma_y=y\left(\frac{\sigma_{\alpha_1}^2}{\sigma_1^2}+\frac{\sigma_{\alpha_2}^2}{\sigma_2^2}\right)^{\frac{1}{2}} \tag{1-28}$$

至于平均值的标准误差的传递，与式(1-26) 相似，只是用平均值的标准值误差代替各分量的标准误差。

$$\sigma_{\bar{y}}=[(f'_{\alpha_1})^2\sigma_{\alpha_1}^2+(f'_{\alpha_2})^2\sigma_{\alpha_2}^2+\cdots+(f'_{\alpha_n})^2\sigma_{\alpha_n}^2]^{\frac{1}{2}}$$

【例题 2】 在气体温度测量实验中，用理想气体公式 $T=\frac{pV}{nR}$ 测定温度 T，今直接测量的 p、V、n 数据及其精密度如下：

$$p=(50.0\pm0.1)\text{mmHg}(1\text{mmHg}=133.322\text{Pa})$$
$$V=(1000.0\pm0.1)\text{cm}^3$$
$$n=(0.0100\pm0.0001)\text{mol}$$
$$R=62.4\times10\text{cm}^3\cdot\text{mmHg}\cdot\text{mol}^{-1}\cdot\text{K}^{-1}$$

由式(1-28) 可计算 T 的精密度 ΔT 如下：

$$\Delta T=\frac{pV}{nR}\left(\frac{\Delta p^2}{p^2}+\frac{\Delta n^2}{n^2}+\frac{\Delta V^2}{V^2}\right)^{\frac{1}{2}}$$
$$=80.2\left[\left(\frac{0.1}{50}\right)^2+\left(\frac{0.0001}{0.01}\right)^2+\left(\frac{0.1}{1000}\right)^2\right]^{\frac{1}{2}}$$
$$=80.2[4\times10^{-6}+1\times10^{-4}+1\times10^{-8}]^{\frac{1}{2}}$$
$$\Delta T=\pm0.8\ (\text{K})$$

即最终结果是(80.2±0.8) K。

【例题 3】 摩尔折射度 $[R]=\frac{n^2-1}{n^2+2}\cdot\frac{M}{\rho}$，设苯的 $n=1.498\pm0.002$、$\rho=0.879\pm0.001$ $(\text{g}\cdot\text{mL}^{-1})$、$M=78.08\text{g}\cdot\text{mol}^{-1}$，间接测量 $[R]$ 的百分误差计算如下。

由普遍公式(1-26) 得：

$$\Delta[R]=\left\{\left(\frac{\partial[R]}{\partial n}\right)^2(\Delta n)^2+\left(\frac{\partial[R]}{\partial\rho}\right)^2(\Delta\rho)^2\right\}^{\frac{1}{2}}$$

将

$$\frac{\partial[R]}{\partial n}=\frac{M}{\rho}\left[\frac{6n}{(n^2+2)^2}\right]=\frac{78.08}{0.879}\left[\frac{6\times1.498}{(1.498^2+2)^2}\right]=44$$
$$\frac{\partial[R]}{\partial\rho}=-\left(\frac{n^2-1}{n^2+2}\right)\left(\frac{M}{\rho^2}\right)=-\left(\frac{1.498^2-1}{1.498^2+2}\right)\left[\frac{78.08}{(0.879)^2}\right]=-29.6$$
$$\Delta n=0.002,\Delta\rho=0.001$$

代入上式得

$$\Delta[R]=[44^2\times(2\times10^{-3})^2+(-29.6)^2\times(10^{-3})^2]^{\frac{1}{2}}$$
$$=[7.7\times10^{-3}+8.3\times10^{-4}]^{\frac{1}{2}}$$
$$\Delta[R]=9\times10^{-2}$$
$$\frac{\Delta[R]}{[R]}=\frac{9\times10^{-2}}{26.0}=3.4\times10^{-3}(\text{或 }0.3\%)$$

3. 间接测量中最终结果的可靠程度

在有限次的测量中，$\bar{y}$ 的可靠程度应以 $3\sigma_{\bar{y}}$ 表示为妥。但 $\sigma_{\bar{y}}$ 的计算频繁，所以在粗略近似中，认为可以用 Δy 来代替 $3\sigma_{\bar{y}}$，表示 $\bar{y}$ 的可靠程度。当然，这种看法是不严格的，但因为在大多数情况下，算出的 Δy 总比 $3\sigma_{\bar{y}}$ 要大一些，所以作为初步评判最终结果的质量依据还是具有一定价值的，在严格的工作中，则应按 $3\sigma_{\bar{y}}$ 来判断。

4. 进行间接测量工作前应考虑的若干重要问题

(1) 仪器的选择

在前面直接测量工作中谈到，选择仪器的精密度应不劣于实验要求的精密度。在间接测量中，就涉及对各物理量的精密度应如何要求的问题。由式(1-20)、式(1-21)、式(1-23)、式(1-25)等可见，各分量的精密度应大致相同，这样才最为合适。因为若某一分量的精密度很差，则最终结果的精密度主要由此分量的精密度所确定，这时，改进其他分量的精密度，并不能改善最终结果的精密度。

(2) 测量过程中最有利条件的确定

测量的最有利条件是使测量误差最小所需的条件，今以电桥测定电阻为例，予以说明如下：

以电桥测电阻时，电阻 R_x 可由下式算出：

$$R_x = R\frac{l_1}{l_2} = R\frac{l-l_2}{l_2} \tag{1-29}$$

式中，R 是已知电阻；l 是电阻线全长；l_1、l_2 是电阻线两臂之长。间接测量 R_x 的平均误差决定于直接测量 l_2，将式(1-29) 取对数后微分，并将 dR_x、dl_2 换成 ΔR_x、Δl_2

得

$$\left|\frac{\Delta R_x}{R_x}\right| = \frac{l}{(l-l_2)\ l_2}\Delta l_2 \tag{1-30}$$

因为 l 是常数，所以 $(l-l_2)\ l_2$ 为最大时，即当

$$\frac{d}{dl_2}[(l-l_2)l_2] = 0 \tag{1-31}$$

或

$$l-2l_2=0,\ l_2=\frac{l}{2} \tag{1-32}$$

时，R_x 的相对平均误差最小。

这就是用电桥测量电阻的最有利条件，在大多数物化实验中，常常可以用类似的分析来预先选定某些较佳的实验条件。

5. 间接测量的最终结果与标准值的比较

最终结果为 y，其精密度为 Δy，我们可以粗略认为 $y_{标准}$ 应落在 $y \pm \Delta y$ 的范围内，如果确属如此，结果便是正常的，如果 $|y_{标准}-y|$ 比 Δy 要大很多，说明有较大的系统误差存在，应设法找出这种系统误差的根源。

从某种意义上讲，常常希望在实验结果中出现不是由仪器刻度不准或药品不纯或主观读数不准等原因造成的系统误差，因为这是对客观世界认识到一个新的更高阶段的重要标志。为了做到这一点，就需要在测定前仔细校正所有仪器，纯化所用药品，并改善仪器本身的精密度和测定结果的精密度。

六、有效数字

前面谈到，实验中测定的物理量 x 值的结果应表示为 $\bar{x} \pm a$，即有一个不确定范围 a，因此在具体记录数据时，没有必要将 $\bar{x}$ 的位数记得超过 a 所限定的范围，例如称量某物重量，得结果为(1.2345±0.0004)g，其中 1.234 都是完全确定的，末尾数字 5 则不确定，它只告诉出一个范围 1～9，一般称所有确定的数字(不包括表示小数点位置的“0”) 和这位有疑问的数字在一起为有效数字。记录和计算时，仅需记下有效数字，多余的数字都不必记。如果一个数据未标明不确定范围(即精密度范围)，则严格来说，这个数据的含义是不清楚的，下面扼要介绍一些有关规则。

1. 有效数字的表示方法

① 误差(平均误差和标准误差) 一般只有一位有效数字，至多不超过两位。

② 任何一物理量的数据，其有效数字的最后一位，在数字上应与误差的最后一位划齐，例如记成 1.35±0.01 是正确的，若记成 1.351±0.01 或 1.3±0.01，意义就不清楚了。

③ 为了明确地表明有效数字，一般常用指数表记法，因为表示小数位置的“0”不是有

效数字。所以下列数据

$$1234，0.1234，0.0001234，1234000$$

都是 4 位有效数字。但遇到 1234000 时，就很难说出后面三个“0”是有效数字呢，还是表明小数点位置的“0”。为了避免这种困难，通常将上列数据写成以下的指数形式。即

$$1.234\times10^{3}，1.234\times10^{-1}$$
$$1.234\times10^{-4}，1.234\times10^{6}$$

这就表明它们都是 4 位有效数字。

2. 有效数字的运算规则

① 在舍弃不必要的数字时，应用 4 舍 5 入规则。

② 在加减运算时，各数值小数点后所取的位数与其中最少者相同。例如：

0.12		0.12
12.232	改写为	12.23
1.5683		1.57
		+）13.92

③ 在乘除运算时，各数值所取之位数由有效数字位数最少的数值的相对误差决定，运算结果的有效数字位数亦取决于最终结果的相对误差。例如：

$$\frac{1.578\times0.0182}{81}=? \tag{1-33}$$

在此例中并未指明各数值的误差，按一般经验，各数据末位误差约±3。数值 81 有效数字最少，误差±3 对此数值的相对误差为 3.7%。数值 1.578 改写为 1.58，数值 0.0182 的 3.7%约为 0.00067，故仍写为 0.0182，因而式(1-33) 改写为：

$$\frac{1.58\times0.0182}{81}=? \tag{1-34}$$

式(1-34) 计算结果为 0.00035501…，它的相对误差是

$$\frac{3}{1578}+\frac{3}{182}+\frac{3}{81}\approx4.8\% \tag{1-35}$$

式(1-34) 的结果应为 3.6×10^{-4}。

第三节　物理化学实验中的数据表达方法

实验结果的表示方法主要有三种，即：列表法、图解法、数学方程式法。现分述如下。

一、列表法

在物化实验中，用表格来表示实验结果是指将主变量 X 与应变量 Y 一个一个地对应着排列起来，以便从表格上能清楚而迅速地看出二者的关系。作表格时，应注意以下几点：

（1）表格名称

每一表格均有一个完全而又简明的名称。

（2）行名与量纲

将表格分成若干行。每一变量，应占表格中一行。每一行的第一列写上该行变量的名称及量纲。

（3）有效数字

每一行所记数据，应注意其有效数字位数，并将小数点对齐。如果用指数来表示数据中小数点的位置，为简便起见，可将指数放在行名旁，但此时指数上正负号应易号。例如醋酸的电离常数 $1.75\times10^{-5}\mathrm{mol\cdot L^{-1}}$，则该行行名可写成：电离常数 $\times10^{5}/\mathrm{mol\cdot L^{-1}}$。

(4) 主变量的选择

主变量的选择有时有一定的伸缩性，通常选较简单的，例如温度、时间、距离等。主变量最好是均匀地、等间地增加，如果实际测定结果并不是这样，可以先将直接测定数据作图，由图上读出变量是均匀等间隔地增加的一套新数据，再以此作表。

二、图解法

1. 图解法在物理化学实验中的作用

图解法可使实验测得各数据间的相互关系表现得更为直观，并可由此图线较简便地找出各函数的中间值，还可显示最高或最低点或转折点的特性，以及确定经验方程式中的常数，或利用图形进而求取其他物理量。现举例说明。

(1) 表达变量间的定量依赖关系

将主变量作横轴，应变量作纵轴，得一曲线，表示二变量间的定量依赖关系。在曲线所示的范围内，欲求对应于任意主变量的应变量值，均可方便地从曲线上读出。自制热电偶的工作曲线（或称校正曲线）即为一例。

(2) 求外推值

有时测定的间接对象不能或不易由实验直接测定，在适当的条件下，常可用作图外推的方法获得。所谓外推法，就是将测量数据间的函数外推至测量范围以外，求测量范围外的函数值。显然，只有有充分理由确信外推所得结果可靠时，外推法才有实际价值。因此，外推法常常只在下列情况下应用。

① 在外推的那段范围及其邻近，测量数据间的函数关系是线性关系或可认为是线性关系。

② 外推的那段范围里实际测量的那段范围不能太远。

③ 外推所得结果与已有正确经验不能有抵触。

求外推值的具体实例有：强电解质无限稀释溶液的摩尔电导率 $\Lambda_{\mathrm{m}}^{\infty}$ 的值不能由实验直接测定，因为无限稀的溶液本身就是一个极限的溶液，但可直接测定不同浓度的摩尔电导率，直至最低浓度而仍可得准确摩尔电导率值为止，然后作图外推至浓度为零，即得无限稀释溶液的摩尔电导率。

(3) 求函数的微商(图解微分法)

作图法不仅能表示出测量数据间的定量函数关系，而且可从图上求出各点函数的微商，而不必先求出函数关系的解析表示式，称图解微分法。具体做法是在所得曲线上选定若干点，作出切线，计算出切线的斜率，即得该点函数的微商值。求函数的微商在物化实验数据处理中是经常遇到的，例如测定不同浓度溶液的表面张力后，计算溶液的表面吸附量时，则需求表面张力与溶液浓度间函数的微商值。

(4) 求函数的极值或转折点

函数的极大、极小或转折点，在图形上表现得直观且准确，因此，物化实验数据处理中求函数的极值或转折点时，几乎无例外地均用作图法。例如：二元恒沸混合物的最低或最高恒沸点及其组成的测定，二元金属混合物相变点的确定等。

(5) 求导数函数的积分值(图解积分法)

设图形中的应变量是主变量的导数函数，则在不知道该导数函数解析表示式的情况下，亦能利用图形求出积分值，称图解积分法，通常求曲线下所包含的面积常用此法。

(6) 求测量数据间函数关系的解析表示式

如果我们找出测量数据间函数关系的解析表示式，则无论我们是对客观事物的认识深度而言或是对应用的方便而言，都将远远跨前一步。通常找寻这种解析表示式的途径也是从作图入手。即：作出测量结果的函数关系的图形表述，从图形形式，变换函数，使图形线性化，即得新函数 y 和新主变量 x 间的线性关系

$$y=mx+b \tag{1-36}$$

算出直线的斜率 m 和截距 b（详见后）后，再换回原来的函数和主变量，即得原函数的解析表示式。例如反应速率常数 k 与活化能 E 的关系式为指数函数关系

$$k=Ze^{-\frac{E}{RT}} \tag{1-37}$$

可使两边均取对数令其直线化，即作 $\lg k$ 和 $1/T$ 的图，由直线斜率和截距分别求出活化能 E 和碰撞频率 Z 的数值。

2. 作图术

图解法获得优良结果的重要关键之一是作图技术，以下介绍作图术要点。

(1) 工具

在处理物化实验数据时作图所需工具主要有铅笔、直尺、曲线板、曲线尺、圆规等。铅笔一般以使用中等硬度（例如 1H）的为宜，太硬或太软的铅笔、颜色笔、蓝墨水钢笔都不适于此处作图，直尺和曲线板应选用透明的，作图时才能全面观察实验点的分布情况，二者的边均平滑。圆规在这里主要作直径 1mm 左右的小圆圈，最好使用专供绘制这种小圆圈的“点圆规”。

(2) 坐标纸

用得最多的是直角坐标纸，半对数坐标纸和对数-对数坐标纸也常用到，前者二轴中有一轴十对数标尺，后者二轴均系对数标尺。将一组测量数据绘图时，究竟是用什么形式的坐标纸，要尝试后才能确定（以能获得线性图形的为佳）。

在表达三组分体系相图时，则常用三角坐标纸。

(3) 坐标轴

用直角坐标纸作图时，以主变量为横轴，应变量（函数）为纵轴，坐标轴比例尺的选择一般遵循下列原则：

① 能表示出全部有效数字，使图上读出的各物理量的精密度与测量时的精密度一致。

② 方便易读。例如用坐标轴 1cm 表示数量 1、2 或 5 都是适宜的，表示 3 或 4 就不好了，表示 6、7、8、9 在一般场合下是不妥的。

③ 在前两个条件满足的前提下，还应考虑充分利用图纸，即：若无必要，不必把坐标的原点作为变量的零点，曲线若系直线，或系近乎直线的曲线，则应被安置在图纸的对角邻近。

比例尺选定后，要画上坐标轴，在轴旁注明该轴变量的名称及单位。在纵轴的左面和横轴的下面每隔一定距离（例如 5cm 间距）写下该处变量应用的值，以便作图及读数，但不要将实验值写在轴旁。

(4) 代表点

代表点是指测得各数据在图上的点。代表点除了要表示测得数据的正确数值外，还要表示它的精密度。若纵轴与横轴上两测量值的精密度相近，可用点圆符号（⊙）表示代表点，圆心小点表示测得数据的正确值，圆的半径表示精密度值。

(5) 曲线

图纸上作好代表点后，按代表点的分布情况，作一曲线，表示代表点的平均变动情况。因此，曲线不需全部通过各点，只要使各代表点均匀地分布在曲线两侧邻近即可，或者更确切地说，是要使所有代表点离开曲线距离的平方和为最小，这就是“最小二乘法原理”（关于“最小二乘法原理”，后面还要谈到）。所以，绘制曲线时，毫无理由地不顾个别代表点离曲线很远，一般所得曲线都不会是正确的。即使此时其他所有代表点都正好落在曲线上，遇到这种情况，最好将此个别代表点的数值重新复制，如原测量确属无误，则应严格遵循上述正确原则绘线。

曲线的具体画法：先用淡铅笔轻轻地循各代表点的变动趋势手描一条曲线（这条曲线当然不会十分平滑）；然后用曲线板逐段凑合手描线的曲率，作出光滑的曲线。这里要特别注意各段结合处的连续，做好这一点的关键有二：①不要将曲线板上的曲边与手描线所有重合部分一次描完，一般每次只描半段或 2/3 段；②描线时用力要均匀，尤其在线段的起终点时，更应注意用力适当。

(6) 图名与说明

曲线作好后，最后还应在图上注上图名，说明坐标轴代表的物理量及比例尺，以及主要的测量条件（如温度、压力）。

3. 图解术

图解术是指从已得图形与曲线进一步计算与处理，以获得所需结果的技术。由于物化实验中许多情况下的实验结果，都不能简单地由上节所得图形直接读出，因此，图解术的重要性并不亚于作图术。目前常用的图解术有：内插、外推、计算直线的斜率与截距、图解微分、图解积分、曲线的直线化。内插、外推都比较简单，其意义与注意点已在上节中提到，这里不再赘述。以下介绍后四项内容，兹分述如下：

(1) 计算直线的斜率与截距

设直线方程为

$$y=mx+b \tag{1-38}$$

其中 m 为斜率，b 为截距。按解析几何所述，此时欲求 m、b，仅需在直线上选两个点，将它们代入式 (1-38)，得

$$\begin{cases} y_1=mx_1+b \\ y_2=mx_2+b \end{cases} \tag{1-39}$$

由式(1-39) 可得

$$m=\frac{y_2-y_1}{x_2-x_1} \tag{1-40}$$

$$b=y_1-mx_1=y_2-mx_2$$

为了减小误差，所取两点不宜相隔太近，所以通常在直线的两个端点邻近处选此两点。m、b 也可利用使直线延长与 y、x 轴相交求出，若 y 轴即为 $x=0$ 的轴，则直线与 y 轴相交的 y 值，即为 b。直线与 x 轴交角 θ 的正切值 $\tan\theta$ 即为 m。但通常很少用后一方法。

在个别物化实验中，斜率值对实验最终结果的影响极大，例如用溶液法测定极性分子偶极矩的实验中，介电常数-浓度图的直线斜率值对最终欲求的偶极矩值的影响很大，直线稍加倾斜，偶极矩值即能由坏变好，或由好变坏，在这种情况下，不是“巧妙”地凑出一根“好”直线，而是应该“严格”地按照前面作图术中所谈的原则，作出一根“正确”的直线来；或者设法改善介电常数测量的精密度，这个精密度的大小是与介电常数、浓度的测量精度有关的。

(2) 图解微分

图解微分的中心问题是如何准确地在曲线上作切线。作切线的方法很多，但以镜像法最简便可靠，这里只介绍此法。

用一块平面镜垂直地放在图纸上，并使镜和图纸的交线通过曲线上某点后，以该点的轴旋转平面镜，使曲线在镜中的像和图上的曲线连接，不形成折线。然后沿镜面作一直线，此直线可被认为是曲线在该点上的法线。再将此镜面与另半段曲线同上法找出该点的法线，如与前者不重叠可取此二法线的中线作为该点的法线。再作这根法线的垂线，即得在该点上曲线的切线或其平行线。求此切线或其平行线的斜率，即得所需微商值。

(3) 图解积分

设 $y=f(x)$ 为 x 的导数函数，则定积分值即 $\int_{x_1}^{x_2} y\mathrm{d}x$ 为曲线下阴影之面积，故图解积分仍归结为求此面积的问题，求面积可用求积仪量或直接数阴影部分小格子数目。

(4) 曲线的直线化

从已知图形上曲线的形状，根据解析几何知识，判断曲线类型。然后改用原来两变量的函数重新作图，得直线。例如所得曲线形状近似为一抛物线，按解析几何知道，这种抛物线的解析表示式为

$$y=a+bx^2 \tag{1-41}$$

所以，如果以 y 对 x^2 作图，就可得一直线。

若所得曲线形状近似为一指数曲线。这种指数曲线的图解表示为

$$y=A\mathrm{e}^{-x^n} \tag{1-42}$$

式中，A、n 为常数，e 为自然对数底。将式(1-42)两边取对数，得

$$\ln y=\ln A-x^n \tag{1-43}$$

故以 $\ln y$ 对 x^n 作图，得一直线，其截距即 $\ln A$。由于 n 事先并不知道，可将式(1-43)再取对数，得：

$$\ln(\ln y)=-n\ln x \tag{1-44}$$

故以 $\ln(\ln y)$ 对 $\ln x$ 作图，亦得一直线，其斜率即 $-n$。

以上只是两个简例，实际情况还有比这更复杂的，但基本上目的均相同，都是使图形直线化后更准确地求取经验常数。

三、数学方程式法

1. 数学方程式法的优点

数学方程式法就是将实验中各变量间的依赖关系用解析的形式表达出来。这种方法的主要优点有：

① 表达简单清晰，并便于微分、积分和内插值。

② 当各变量间的解析依赖关系是已知的情况下，用数学方程表达可求取方程中的系数，系数常对应于一定的物理量。例如：蒸气压方程，温度为 T 时液体或固体的饱和蒸气压为 p，有

$$\lg p=\frac{-\Delta_r H_m^{\ominus}}{2.303R}\frac{1}{T}+常数 \tag{1-45}$$

$\lg p$ 对 $\frac{1}{T}$ 图的直线斜率即为系数 $\frac{-\Delta_r H_m^{\ominus}}{2.303R}$，其中 $\Delta_r H_m^{\ominus}$ 即为摩尔汽化热。

2. 寻求数学方程式的方法

当各变量间的解析依赖关系不知道时，一般循下列步骤找寻：

① 将实验结果中所得的各变量选出主变量和应变量后，作图，绘出曲线。

② 将所得曲线形状与已知函数的曲线形状比较。

③ 比较结果，改换变量，重新作图，使原曲线线性化。

④ 计算线性方程的常数。

⑤ 若曲线无法线性化，可将原函数表示成主变量的多项式，即

$$y=a+bx+cx^2+dx^3\cdots \tag{1-46}$$

多项式项数的多少以结果能表示的可靠程度在实验误差范围内为准。

3. 直线方程常数的确定

有图解法、平均法、最小二乘法三种方法。图解法前面已谈过，这里不再重复。以下介绍后两种方法。

(1) 平均法

设线性方程为

$$y=mx+b$$

现在要确定 m 和 b。原则上，只要有两对变量（x_1，y_1）、（x_2，y_2）便可把 m、b 确定下来，但实际上，通常有更多的变量可资应用，而且用不同数据算出的 m、b 值应该能使“残差”之和为零。“残差” u_i 的定义是：

$$u_i=mx_i+b-y_i \tag{1-47}$$

式中，下标 i 表示第 i 次测量。但这样仅得一个条件方程，不能解出两个未知数 m、b 。因此，将测得的数据

$$(x_1,y_1),(x_2,y_2),\cdots,(x_i,y_i),\cdots,(x_n,y_n)$$

平分成以下两套：$(x_1,y_1),(x_2,y_2),\cdots,(x_k,y_k)$ 和 $(x_{k+1},y_{k+1}),(x_{k+2},y_{k+2}),\cdots,(x_n,y_n)$。

通常 k 值大致为 n 值的一半。对此两套数据，分别应用平均法原理，得：

$$\sum_{i=1}^{k}u_i = m\sum_{i=1}^{k}x_i + kb - \sum_{i=1}^{k}y_i = 0 \tag{1-48}$$

$$\sum_{i=k+1}^{n}u_i = m\sum_{i=k+1}^{n}x_i + (n-k)b - \sum_{i=k+1}^{n}y_i = 0 \tag{1-49}$$

将式(1-48)、式(1-49) 联立，即可解出 m、b 值来。

(2) 最小二乘法

平均法原理的基本想法是认为正负残差大致相等，因此残差之和应为零。实际在有限次数的测量中，这点假设通常并不是严格成立的，因此应用平均法处理数据，需有一定经验才能获得较佳结果。另一种准确的处理方法就是最小二乘法。这个方法的基本想法是，最佳结果应能使标准误差最小，所以残差的平方和应为最小。设残差的平方和为 S，即

$$\begin{aligned} S &= \sum_{i=1}^{n}(mx_i+b-y_i)^2 \\ &= m^2\sum_{i=1}^{n}x_i^2 + 2bm\sum_{i=1}^{n}x_i - 2m\sum_{i=1}^{n}x_iy_i + nb^2 - \\ &\quad 2b\sum_{i=1}^{n}y_i + \sum_{i=1}^{n}y_i^2 \end{aligned} \tag{1-50}$$

使 S 为极小值的必要条件为

$$\frac{\partial S}{\partial m} = 0 = 2m\sum_{i=1}^{n}x_i^2 + 2b\sum_{i=1}^{n}x_i - 2\sum_{i=1}^{n}y_ix_i \tag{1-51}$$

$$\frac{\partial S}{\partial b} = 0 = 2m\sum_{i=1}^{n}x_i + 2nb - 2\sum_{i=1}^{n}y_i \tag{1-52}$$

由式(1-51)、式(1-52) 可解出 m、b 分别为

$$m=\frac{n\sum_{i=1}^{n}y_ix_i-\sum_{i=1}^{n}x_i\sum_{i=1}^{n}y_i}{n\sum_{i=1}^{n}x_i^2-\left(\sum_{i=1}^{n}x_i\right)^2} \tag{1-53}$$

$$b=\frac{\sum_{i=1}^{n}x_i^2\sum_{i=1}^{n}y_i-\sum_{i=1}^{n}x_i\sum_{i=1}^{n}x_iy_i}{n\sum_{i=1}^{n}x_i^2-\left(\sum_{i=1}^{n}x_i\right)^2} \tag{1-54}$$

最小二乘法能得到确定的不因处理者而异的可靠结果，可惜这个方法计算很麻烦而且浪费时间，一般只在精密的工作中应用它。但是，随着计算机应用的普及，最小二乘法处理数据已愈来愈被广泛采用。

习　题

1. 计算下列各值，注意有效数字。

(1) 乙醇的相对分子质量为 $2\times12.01115+15.999+6\times1.00797$

(2) $(1.2760\times4.17)-(0.2174\times0.101)+1.7\times10^{-2}$

(3) $\dfrac{13.25\times0.00110}{9.740}$

2. 下列数据是用燃烧热分析测定碳相对原子质量的结果：

12.0085	12.0101	12.0102
12.0091	12.0106	12.0106
12.0092	12.0095	12.0107
12.0095	12.0096	12.0101
12.0106	12.0102	12.0112

(1) 最后一个数据 12.0112 能否舍弃？

(2) 求碳相对原子质量的平均值和标准误差。

3. 设一钢球质量为 10mg，钢球密度为 $7.85\text{g}\cdot\text{mL}^{-1}$，设测定半径时其标准误差为 0.015mm，测定质量时标准误差为 0.05mg，问测定此钢球密度的精确度（标准误差）是多少？

4. 在 629K 测定 HI 的解离度 α 时得到下列数据：

0.1914，0.1953，0.1968，0.1956，0.1937

0.1949，0.1948，0.1954，0.1947，0.1938

解离度与平衡常数的关系为：

$$2HI \rlap{=}{=}= H_2+I_2$$

$$K=\left[\frac{\alpha}{2\ (1-\alpha)}\right]^2$$

试求在 629K 时平衡常数 K 及其标准误差。

5. 利用苯甲酸的燃烧热测定氧弹的热容 C 可用下式求算：

$$C=\frac{6313G+1600g}{t}-D$$

式中，6313 和 1600 分别代表苯甲酸和燃烧丝的燃烧热（$\text{cal}\cdot\text{g}^{-1}$，1cal＝4.1840J），

实验所得数据如下：苯甲酸为（1.1800±0.0003）g（即 G）；燃烧丝为（0.200±0.003）g（即 g）；量热器中含水（1995±2）g（即 D）；测得温度升高值为（3.140±0.005）℃（即 t），试计算氧弹的热容及其标准误差，并讨论实验的主要误差是什么？

6. 物质的摩尔折射度 R 可按下式计算：

$$R=\frac{n^2-1}{n^2+2}\frac{M}{\rho}$$

已知苯的相对分子质量 $M=78.08\mathrm{g\cdot mol^{-1}}$，密度 $\rho=(0.879\pm0.001)\ \mathrm{g\cdot mL^{-1}}$，折射率＝1.498±0.002，试求苯的摩尔折射度及其标准误差。

7. 下列数据为 7 个同系列碳氢化合物的沸点：

碳氢化合物	沸点/℃
C_4H_{10}	0.6
C_5H_{12}	36.2
C_6H_{14}	69.0
C_7H_{16}	94.8
C_8H_{18}	124.6
C_9H_{20}	156.0
$C_{10}H_{22}$	174.0

相对分子质量 M 和沸点 T（K）符合下列公式：

$$T=aM^b$$

（1）用作图法确定常数 a 和 b；

（2）用最小二乘法确定常数 a 和 b，并与（1）的结果进行比较。

第二章　实验内容

第一部分　基础性实验

实验一　恒温槽的控制与使用

一、实验目的

1. 掌握恒温槽的构造及其控温原理和方法。

2. 掌握如何测量恒温槽的灵敏度。

二、恒温槽的控温原理

物质的物理性质和化学性质，如黏度、蒸气压、折射率、化学反应速率常数等都与温度有关。

控制某一体系的温度，一般可采用两种方法。一种是利用物质的相变温度来实现某一恒温目的，如液氮(77.3K)，干冰-丙酮(－78.5℃)，冰-水(0℃)，$Na_2SO_4 \cdot 10H_2O$(32.38℃)，沸水(100℃)，沸点萘(218.0℃）等。这些物质处于相平衡时而构成一个高度稳定的恒温条件，如果介质是高纯的，则其恒温的温度就是该介质的相变温度，而不必另外精确标定。缺点是恒温温度不能随意调节。另一种是以某种液体为介质的恒温装置——恒温槽。它是依靠恒温控制器来自动调节其热平衡，从而实现恒温的目的。当恒温槽因对外界散热而使介质温度降低时，恒温控制器就使恒温槽内的加热器工作，待加热到所需的温度时，它又停止加热，这样周而复始就可使液体介质的温度在一定的范围内保持恒定。本实验讨论的对象是恒温槽。

恒温槽一般由浴槽、搅拌器、加热器、温度计、感温元件和恒温控制器等组成。其简单装置如图 2-1 所示，现分别简单介绍如下。

1. 浴槽

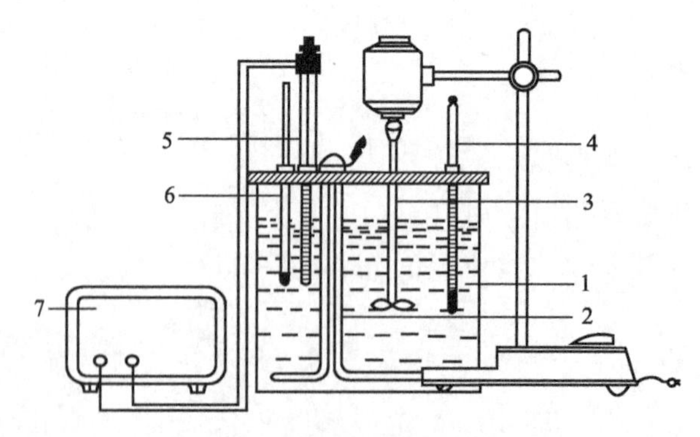

图 2-1　恒温槽装置示意图

1—浴槽；2—加热器；3—搅拌器；4—贝克曼温度计；
5—接触温度计（导电表)；6—1/10 温度计；7—继电器

浴槽包括缸和液体介质。若要求恒定的温度与室温相差不大，采用敞口玻璃缸为浴槽较合适，这样有利于观察实验现象。它的大小和规格视实验的实际需要而定，在物化实验中常用 $20dm^3$ 圆形玻璃缸作容器。若要求恒定在较低的或较高的温度，则应对整个浴槽加以保温。

液体介质应根据要求恒定的温度范围，选用不同的工作介质，如：

控温范围/℃	液体介质
－60～30	乙醇或乙醇水溶液
0～90	水
80～160	甘油
70～200	液体石蜡或硅油

2. 加热器

实验要求恒定的温度一般都比室温高，因此需要向槽中液体介质不断供给热量以补偿其向环境散失的热量，常用的加热装置是电加热器。选择加热器的原则应是热容量小，导热性能好，功率适当。加热器功率大小的选择应视浴槽大小和恒温温度的实际需要而定。如容量为 $20dm^3$ 的浴槽，要求恒温在 20～30℃，则可选用 200～300W 的加热器。加热器的加热时间不宜太长，一般控制加热和停止加热时间的比例在 1：（10～20）之间，如每隔 60s 加热 4s。为了提高恒温效率和精度，可采用两套加热器联用。开始使用功率较大的加热器，当接近需要温度时，再起用功率较小的加热器。

3. 搅拌器

加强液体介质的搅拌，对保证恒温槽各部位温度的均匀起着非常重要的作用。搅拌器的功率大小和安装位置对搅拌效果有很大影响。搅拌器以小型电动机（马达）带动，一般选用电动机的功率为 40W，用变速器来调节搅拌速度。搅拌器安装位置一般装在加热器的上面或附近。

4. 温度计

为了观察恒温槽的温度，可选用 1/10 刻度的温度计。温度计的安装位置应尽量靠近被测系统。所用的温度计必须加以校正。温度计的校正请参阅本书附录的温度测量部分。一般采用温差测量仪以测定恒温槽的灵敏度。

5. 导电表（接触式温度计）

它是一个热电转换器，将温度信号转换成电信号，起着控温作用。当温度到达指定值时，它发出信号指令继电器切断电源；当温度计低于指定值时，它指令继电器接通加热电源（有关导电表、继电器、加热器的简明工作原理参见后文的图 2-3）。导电表的构造如图 2-2 所示，在它下端水银球处与导线 4 相连，铂丝 3 可以上下移动，用来控制温度。当恒温槽内的温度达到或高于指定温度 T 时，导电表中的水银面上升且使导线 3 与 4 接通。这时导电表有微小电流通过（大小约为 0.1mA），这个电流使继电器工作，把加热器电源切断。结果水浴温度不再上升。如

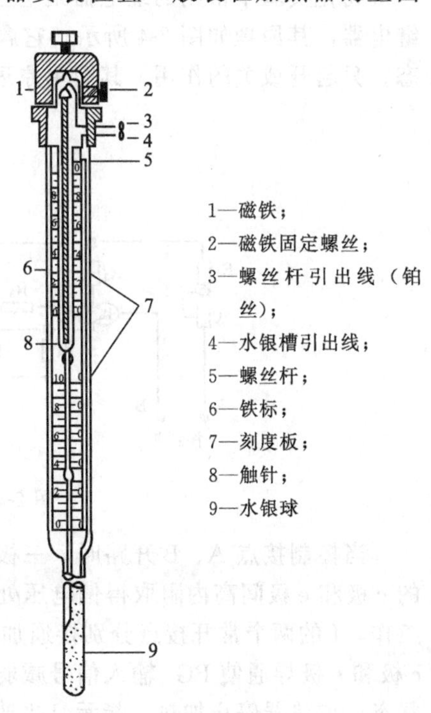

图 2-2　导电表示意图

果水浴温度下降，低于指定温度 T，则上、下两根导线（3 和 4）断开，导电表中没有电流通过，又使继电器动作，把加热器的电源接通，这样一断一通循环往复，就可以自动地把温度控制在指定的 T 附近。由此可见，当导电表上的铂丝 3 末端处于 T 位置时，则温度就控制在 T 附近，如果要控制在比较低的温度，需要将铂丝 3 向下降。可以通过旋转骑在导电表顶端的马蹄形磁铁来控制铂丝 3 的升降。磁铁的旋转，可使导电表内的小磁铁发生转动，小磁铁固定在导电表内的螺丝杆 5 上端。小磁铁转动带动着螺丝杆 5 转动，螺丝杆上有螺丝帽。螺丝杆转动迫使螺丝帽向上或向下移动，而此螺丝帽与铂丝 3 连在一起，从而通过铂丝 3 的升降，达到控制温度的目的。

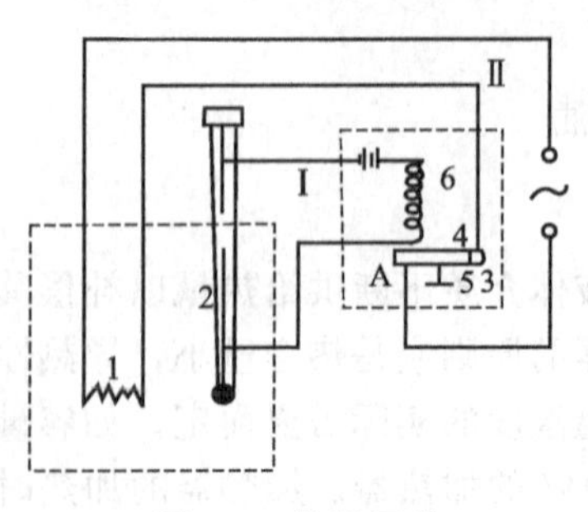

图 2-3　控温原理

1—加热器；2—导电表；3—固定点；4—衔铁；5—弹簧；6—线圈

6. 继电器

常用的是各种形式的晶体管继电器，它是自动控温的关键设备之一。其简明工作原理见图 2-3。

插在浴槽中的导电表，在没有达到所要求控制的温度时，汞柱与上铂丝之间断路，即回路Ⅰ中没有电流。衔铁 4 由弹簧 5 拉住与 A 点接触，从而回路Ⅱ中有电流通过加热器，继电器上红灯亮表示加热。随着加热器加热时浴槽温度升高，当导电表中汞柱上升到要求的温度时就与上铂丝接触，回路Ⅰ中的电流使线圈 6 有了磁性而将衔铁 4 吸起，回路Ⅱ断路。此时，继电器上绿灯亮表示停止加热。浴槽温度由于向周围散热而下降，汞柱又与上铂丝脱开，继电器重复前一动作，回路Ⅱ又接通……如此不断进行，使浴槽内的介质控制在某一要求的温度。

在上述控温过程中，加热器只处于两种可能的状态，即加热或停止加热。所以，这种控温属于二位控制作用。

物化实验中常用的继电器是电子管继电器或晶体管继电器。我们所用的是 71 型晶体管继电器，其原理如图 2-4 所示。它属于断续式二位控制电路。它只有饱和和截止两种工作状态，只起开或关的作用。其简单原理如下：

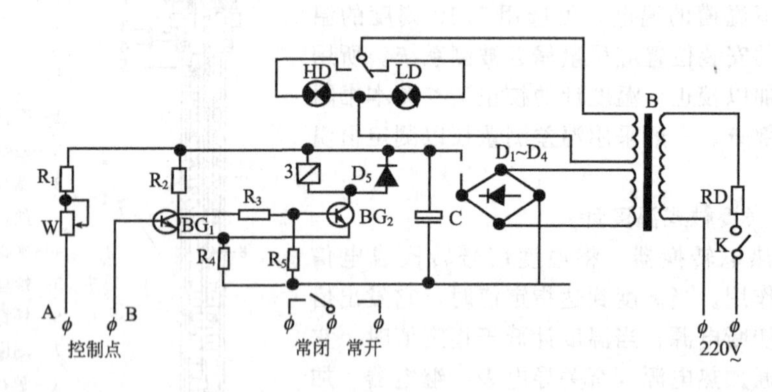

图 2-4　71 型晶体管继电器原理图

当控制接点 A、B 开路时，三极管 BG_1 输入信号电压为 0，处于截止状态。BG_2 由 BG_1 的 c 极和 e 极间高内阻取得偏电压处于饱和状态，可以使交流接触器 J（图中只画出其触点）工作，J 的两个常开接点分别接通加热器和工作指示灯。当控制接点 A、B 短路时，BG_1 的 c 极和 e 极导通使 BG_2 输入信号减弱到截止状态，继电器停止工作，交流接触器 J 处于常闭状态，加热器停止加热，指示灯也改变颜色。

交流接触器的衔铁可同时带动若干组常开、常闭接点，可根据不同需要进行组合以控制不同设备的工作或停止。要注意它们何时闭合，何时断开。若需加热可按图 2-5 接线。

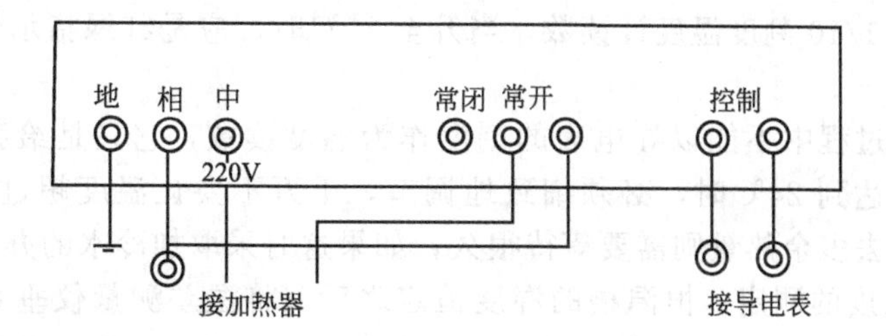

图 2-5　71 型晶体管继电器接线图

上面介绍的水浴恒温槽，在 20～40℃范围内使用，可以准确到±0.1℃到±0.01℃。例如，所控制的恒温范围是 19.9～20.1℃则可以写成（20.0±0.1)℃，写成一般式子为（$T\pm x$)℃，即恒温在（$T-x$)℃至（$T+x$）℃之间，x 称为恒温槽的灵敏度。x 的数值越小，表示恒温槽的控温精度越高。

测定恒温槽灵敏度的方法，是在指定温度下，观察温度随时间波动的情况。采用温差测量仪记录温度作为纵坐标，记录相应的时间作为横坐标，再绘制恒温槽灵敏度曲线，如图 2-6 所示。如测得最高温度为 T_1，最低温度为 T_2，则该恒温槽的灵敏度 T_E 为：

$$T_E=\pm\frac{T_1-T_2}{2}$$

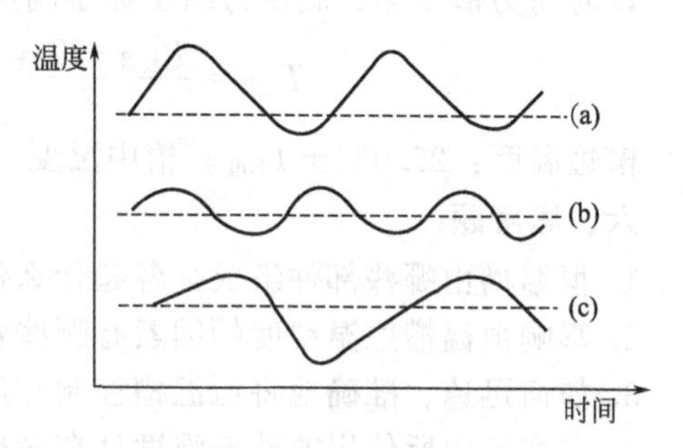

图 2-6　温度波动曲线（虚线为控制温度）

(a) 加热功率过大；(b) 加热功率适当；(c) 加热功率过小

在图 2-6 中，(a) 表示恒温槽的加热功率过大灵敏度较差；(b) 表示加热功率适当灵敏度良好；(c) 表示加热器功率过小灵敏度较差。

综上所述，要组装一个优良的恒温槽必须选择合适的组件并进行合理的安装（恒温槽内温度恒定程度决定于导电表的灵敏度、加热器功率、继电器的性能、浴槽散热程度的快慢以及恒温槽中各个设备的布局等因素）。

搅拌器与加热器之间应比较接近，并使液流不断从加热器冲向导电表，这样使导电表能够迅速地反映出恒温槽温度的高低，另外导电表靠近搅拌器，因发生轻微振动，汞柱升降灵活，可提高导电表的灵敏度。实验用的容器不宜放在恒温槽的边缘。

三、仪器

玻璃缸（容量 20dm^3）1 个，导电表 1 支，温差测量仪 1 支，1/10 刻度温度计 1 支，搅拌器（功率 40W）1 台，秒表 1 块，加热器（功率 300W 或视需要而定）1 支，继电器 1 台。

四、实验步骤

1. 将自来水注入浴槽容积 4/5 处，按图 2-1 所示，首先安装加热器，然后安装搅拌器、导电表、温度计及继电器（继电器的接线参见图 2-5）。

2. 调节恒温槽所需要的温度为（25.0±0.1)℃。方法是：恒温槽的恒定温度一般要比室温高 5℃左右（否则恒温槽多余的热量无法向环境散失，温度就难以控制恒定）。假定室温为 20℃，则恒温槽温度可调节至 25℃。先旋开接触温度计的固定螺丝，旋动马蹄形磁铁使标铁指示低于 25℃（约 24℃）处（为什么?）。接通电源，加热并搅拌，注意观察 1/10 刻度温度计的读数，当达到 24℃时，需重新调节导电表的标铁，至铁丝在水银处于刚刚接通与断开的状态（这一状态直观反映为继电器的指示灯红灯和绿灯交替亮）。然后逐步地旋转马蹄形磁铁，观察 1/10 刻度温度计读数，当升至 25℃时，应是红绿指示灯交替亮与暗，这时可固定磁铁。

注意：在调节过程中不能以导电表的刻度作为温度读数，它只是给我们一个粗略的指示。另外，当温度达到 24℃时，必须细致地调节，千万不要让温度超过应恒定的温度值，否则要使恒温槽散去多余热量则需要等待很久，如果这时采取加冷水的办法也很麻烦。

3. 恒温槽灵敏度的测定。恒温槽的温度恒定之后（将温差测量仪垂直安装在恒温槽边某一位置），观察温差测量仪的数值，利用停表每隔 1min 记录一次温差测量仪的读数，记作 T_1，测定 10～20 组数据后，再将温差测量仪垂直安装于槽中间某一位置，按上述方法测定 T_2，并将数据记录在表中。

注：如果时间允许，可将恒温槽升高 5℃，即升至 30℃做同样测定。

五、数据处理

以时间为横坐标、温度为纵坐标绘制灵敏度曲线，并确定恒温槽的温度波动范围。

$$T_{E边}=\frac{T_{最高}-T_{最低}}{2} \qquad T_{E中}=\frac{T_{最高}-T_{最低}}{2}$$

槽边温度：25.0℃ ± $T_{E边}$；槽中温度：25.0℃ ± $T_{E中}$。

六、思考题

1. 恒温槽由哪些部件组成，各起什么作用？
2. 影响恒温槽控温精度的因素有哪些？如何影响？
3. 如何迅速、准确地将恒温槽控制在所需的温度？
4. 在实验中所使用的玻璃温度计在精确测量中是否要校正？为什么要校正？如何校正？

附件：数字控温型恒温水槽

现在实验室普遍采用的是集加热、控温、搅拌等功能于一体的控温装置，如图 2-7 中所示 HK-1D 型恒温水槽，采用数字式温度显示，把继电器、加热器、导电表等控制设备集成在一起，方便使用和操作，但其基本控温原理和使用方法与课本中讲述的恒温槽均一致。

图 2-7　HK-1D 型恒温水槽

实验二　液体黏度的测定

一、实验目的

1. 掌握奥氏（Ostwald）黏度计的使用以及用奥氏黏度计测量乙醇黏度的方法。
2. 了解乌氏（Ubbelode）黏度计的构造及使用方法。
3. 进一步熟悉恒温槽的控制和使用。
4. 理解黏度的物理意义。

二、基本原理

当流体以层流形式在管道中流动时，可以看作是一系列不同半径的同心圆筒以不同速度向前移动。愈靠近中心的流层速度愈快，愈靠近管壁的流层速度愈慢，如图 2-8 所示。取面积为 A，相距为 $\mathrm{d}r$，相对速度差为 $\mathrm{d}v$ 的相邻液层进行分析，见图 2-9。

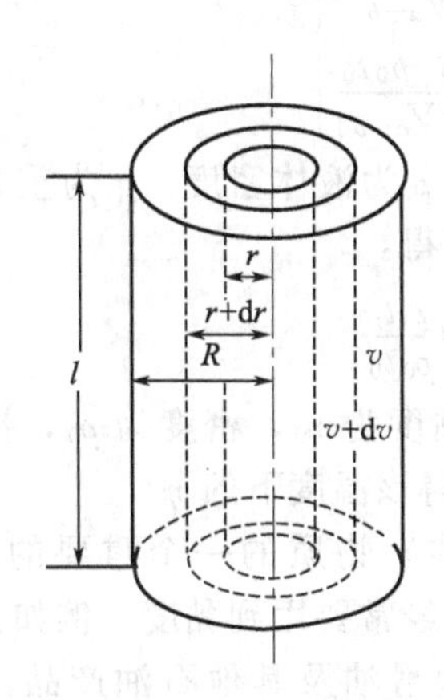

图 2-8　液体的层流

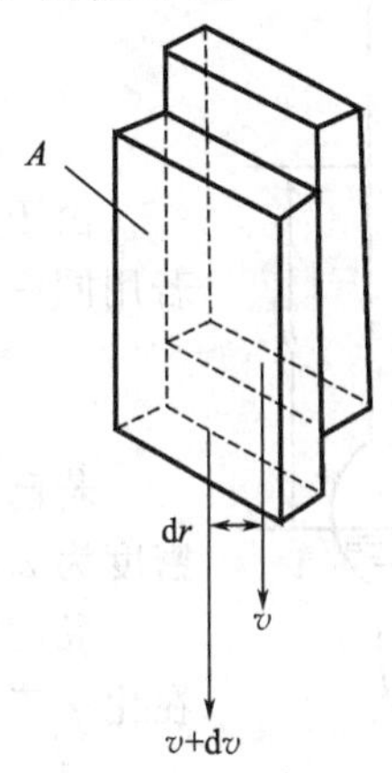

图 2-9　两液层相对速度差

由于两液层速度不同，液层之间表现出内摩擦现象，慢层以一定的阻力拖着快层。显然内摩擦力与两液层间接触面积 A 成正比，也与两液层间的速度梯度成正比，即：

$$f=\eta A\frac{\mathrm{d}v}{\mathrm{d}r} \tag{1}$$

式中，比例系数 η 称为黏度系数（或黏度）。可见，流体的黏度是液体内摩擦度量。国际单位制中，黏度的单位为 $\mathrm{N\cdot m^{-2}\cdot s}$，即 Pa·s（帕·秒），但习惯上常用 P（泊）或 cP（厘泊）来表示。两者的关系为：$1\mathrm{P}=10^{-1}\mathrm{Pa\cdot s}$。

黏度测定可在毛细管黏度计中进行。设有液体在一定的压力差 p 推动下以层流的形式流过半径 R、长度 l 的毛细管（见图 2-10）。对于其中半径为 r 的圆柱形液体，促使流动的推动力 $F=\pi r^2 p$，它与相邻的外层液体之间的内摩擦力 $f=\eta A\frac{\mathrm{d}v}{\mathrm{d}r}=2\pi rl\eta\frac{\mathrm{d}v}{\mathrm{d}r}$，所以当液体稳定流动时：

$$F+f=0$$

即

$$\pi r^2 p+2\pi rl\eta\frac{\mathrm{d}v}{\mathrm{d}r}=0 \tag{2}$$

在管壁处即 $r=R$ 时，$v=0$，对上式积分

$$\int_0^v \mathrm{d}v=-\frac{p}{2\eta l}\int_R^r r\,\mathrm{d}r$$

$$v=-\frac{p}{4\eta l}(R^2-r^2) \tag{3}$$

对于厚度为 dr 的圆筒形流层，t 时间流过液体的体积为 $2\pi rvtdr$，所以 t 时间内流过这一段毛细管的流体总体积为

$$V=\int_0^R 2\pi rvt\,dr=\frac{\pi R^4 pt}{8\eta l}$$

由此可得

$$\eta=\frac{\pi R^4 pt}{8Vl} \tag{4}$$

上式为波华须尔（Poiseuille）公式，由于式中 R、p 等数值不易测准，所以 η 值一般用相对法求得，其方法如下：

取同样体积的两种液体（一为被测液体“i”，一为参考液体“0”，如水、甘油等），在本身重力作用下，分别流过同一支毛细管黏度计，如图 2-10 所示的奥氏（Ostwald）黏度计。若测得流过相同的体积 V_{a-b}所需的时间为 t_i 与 t_0。

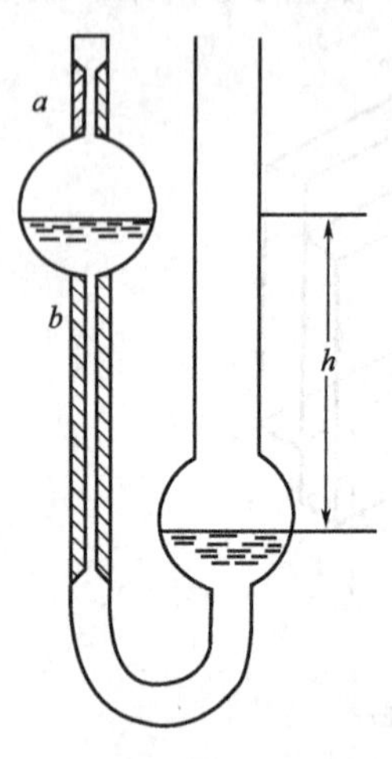

图 2-10　奥氏黏度计

$$\left.\begin{aligned}\eta_i&=\frac{\pi R^4 p_i t_i}{8lV_{a-b}}\\ \eta_0&=\frac{\pi R^4 p_0 t_0}{8lV_{a-b}}\end{aligned}\right\} \tag{5}$$

由于 $p=\rho gh$（h 为液柱高度，ρ 为液体密度，g 为重力加速度），若用同一支黏度计，根据式(5) 可得：

$$\frac{\eta_i}{\eta_0}=\frac{\rho_i t_i}{\rho_0 t_0} \tag{6}$$

若已知某温度下参比液体的黏度为 η_0，密度为 ρ_0，被测液体的密度为 ρ_i，并测得 t_i、t_0，即可求得该温度下的 η_i。

黏度本身是流体（气体、液体）物质的一个重要的物理性质。在化学工程输运和传质的研究中，经常要用到黏度。例如：

（1）黏度测定常被用来鉴定润滑油及其他石油产品，此外液体在管路内输送所需要的能量，显然与黏度密切相关。

（2）根据黏度或流度 η^{-1}还可以计算混合物液体的浓度。

（3）在高聚物的研究中，常通过测定高聚物溶液的黏度来计算高聚物的分子量，进而可推定高聚物分子在溶液中的形态。

（4）可以通过对气体物质的黏度测定来计算其分子半径。

三、仪器及试剂

恒温槽全套，奥氏黏度计一支，10mL 移液管二支，20cm 橡皮管一根，秒表一个，无水乙醇（A. R.）。

四、实验步骤

1. 将恒温槽调节在所需温度（例如 25.0℃±0.1℃）。

2. 在实验前顺次用洗液及蒸馏水洗净黏度计，然后烘干。

3. 用移液管取 10mL 乙醇放入黏度计里，在毛细管上端套上橡皮管（此步要注意正确握持黏度计，否则黏度计将折断）。将黏度计垂直（为什么?）固定在恒温槽内(黏度计的毛细管上刻度 a 应浸入水面以下)。待内外温度一致后（一般要 10min 左右），用洗耳球吸起流体使超过刻度 a，然后放开洗耳球。用秒表记录液面自上刻度 a 降至刻度 b 所经历的时间。再吸起液体重复测定至少三次取其平均值，任何两次偏差应小于 0.3s。按照同样的步骤测定水的黏度（为了便于黏度计的干燥，先用乙醇进行试验，然后烘干、冷却后再测定水的流过时间）。

五、数据记录和处理

1. 数据记录

(1) 分别记录室温、大气压和实验温度。

(2) 分别记录乙醇和水流经毛细管的时间观测值。

2. 数据处理

根据实验数据，并从附录三 不同温度下液体的密度表中查出实验温度下乙醇和水的密度。用式(6) 求出乙醇的黏度。

六、讨论

1. 一般常用黏度计的毛细管直径为 0.5mm，长 10cm，流下液体的容积为 2～5mL，流下时间以 2min 左右为宜。

2. 水在各摄氏度下的黏度可按下式计算：

$$1/\eta = 2.1482\left[(t-8.435)+\sqrt{8078.4+(t-8.435)}\right]-120(\mathrm{P}^{-1})$$

摘自 Pery，《Chemical Engineering Handbook》

3. 实验中还常用另一种毛细管黏度计称为乌氏（Ubbelode）黏度计，其结构见图 2-11，其特点在于：

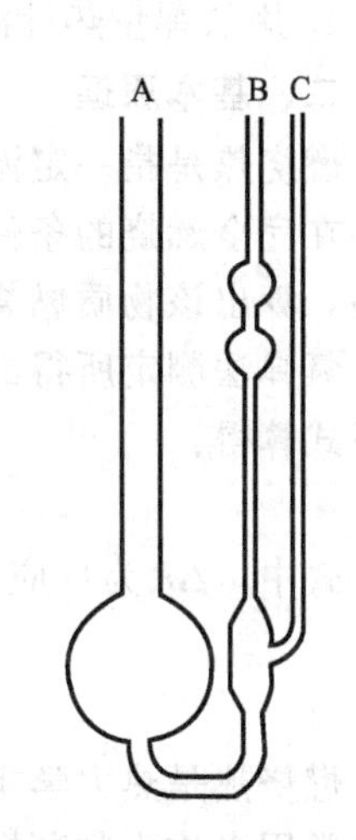

图 2-11　乌氏黏度计

(1) 由于第三支管（C 管）的作用，使毛细管出口通大气。这样，毛细管内的液体形成一个悬液柱，液体流出毛细管下端时即沿着管壁流下，避免出口处产生涡流。

(2) 液柱高 h 与 A 液面高度无关，因此每次加入试样的体积不必恒定。

(3) 对于 A 管体积较大的稀释型乌氏黏度计，可在实验过程中直接加入一定量的溶剂而配制成不同浓度的溶液。故乌氏黏度计较多地应用于对高分子溶液性质方面的研究。

(4) 测定较黏稠的液体黏度可用落球法，即利用金属圆球在液体中下落的速度不同来表征黏度；或者用转动法，即液体在同轴圆柱体间转动时，利用作用于液体的内切应力形成的摩擦力矩大小来表征其黏度。

(5) 温度对液体黏度的影响十分敏感。因为温度升高，使分子间距逐渐增大，相互作用力相应减小，黏度就下降。这种变化的定量关系可用下列方程描述：

$$\eta = A\exp\left(\frac{E_{vis}}{RT}\right)$$

$$\text{或 } \ln\eta = \ln A + \frac{E_{vis}}{RT} \tag{7}$$

式中，E_{vis}为流体流动的表观活化能，可从 $\ln\eta-\frac{1}{T}$ 的直线斜率求得；A 为经验常数，可由直线的截距求得。

七、思考题

1. 黏度计极易折断，应如何正确握持？

2. 对照图 2-10，指出公式(4) 中各符号的物理意义，本实验测量的物理量是哪些？在该实验中为什么要用到已知黏度的参比液？

3. 黏度的物理意义是什么？测定黏度时为什么要恒温？

4. 黏度计为什么要垂直浸入恒温槽内，不垂直有何影响？

5. 如果黏度计毛细管孔径过大、流速过快对黏度测定有什么影响？

6. 奥氏黏度计在使用时为何必须烘干？是否可用两支奥氏黏度计分别测定待测液体和

参比液体的流经时间？

7. 为什么用奥氏黏度计测液体的黏度时，加入的待测物和参比物体积应相同？如果选用乌氏黏度计，加入的待测物和参比物的体积是否要求相同？

实验三 燃烧热的测定

一、实验目的

1. 加深对化学热效应的理解，掌握燃烧热的定义。
2. 了解量热计的原理、构造和使用方法，并获得热化学实验的一般知识和基本训练。
3. 掌握用雷诺作图法校正温度改变值。
4. 用氧弹量热计测量萘、苯甲酸的燃烧热。

二、基本原理

燃烧热是指一定温度下一摩尔物质完全燃烧时的热效应。我们可以以一定质量的纯物质，在完全燃烧的条件下，所放出的热量用一定量的已知热容的介质去吸收，从介质温度的升高，算出该物质燃烧热。

氧弹法测定所得的是恒容燃烧热 Q_V，而一般所用的数据是恒压燃烧热 Q_p，Q_p 可由 Q_V 从下式算得：

$$Q_p = Q_V + p\Delta V = Q_V + \Delta nRT \quad (1)$$

式中，Δn 为反应前后气体物质化学计量系数的变化值；T 为实验时环境的温度。例如：

$$C_{10}H_8(\text{固}) + 12O_2(\text{气}) \longrightarrow 10CO_2 + 4H_2O(\text{液})$$

$$\Delta n = 10 - 12 = -2$$

燃烧热是热力学重要数据之一，由它可进而计算生成热、键能等数据。此外，燃烧热的测定常用来作为判断燃烧质量的依据。

三、仪器及试剂

氧弹式量热计1套，氧气钢瓶，压片机，温差测量仪，无纸记录仪，电子天平，棉线，燃烧丝（铁丝或镍丝），纯苯甲酸，纯萘等。

四、实验步骤

1. 仪器装置

仪器构造及装置如图2-12所示，内筒以内的部分为仪器的主体，即本实验所研究的体系，体系与环境以空气层绝热，下方有热绝缘垫片4，上方有热绝缘胶板5覆盖，减少对流和蒸发。为了减少热辐射及控制环境温度恒定，体系外围包有温度与体系相近的水套1；为了使体系温度很快达到均匀，还装有搅拌器9，由电动机6带动，为防止通过作为搅拌器的金属棒传导热量，金属搅拌器9上端有绝热良好的塑料与电动机连接。7、8分别是电动机支柱和绝缘支架，10是热敏电阻，用来测量燃烧前后体系温度的变化。温度显示和点火燃烧是用附加的装置来完成的。

图2-13是氧弹的构造，氧弹是用不锈钢制成的，主要部分有厚壁圆筒1、弹盖2和螺帽3紧密相连；在弹盖2上装有用于灌入氧气的进气孔4、排气孔5和电极6，电极直通弹体内部，同时作为燃烧皿7的支架；为了将火焰反射向下而使弹体内温度均匀，在另一电极8（同时也是进气管）的上方还装有火焰遮板9。

2. 测定仪器的“热容”

测定燃烧热要用到仪器的热容，但每套仪器的热容不一样，须事先测定。测定仪器热容的方法是以定量的已知燃烧热的标准物质（如苯甲酸，其燃烧热 Q_p 为－26.450kJ/g）完全燃烧，放出热量 Q，使仪器温度升高了 ΔT，由此测得仪器的热容为 $Q/\Delta T$。

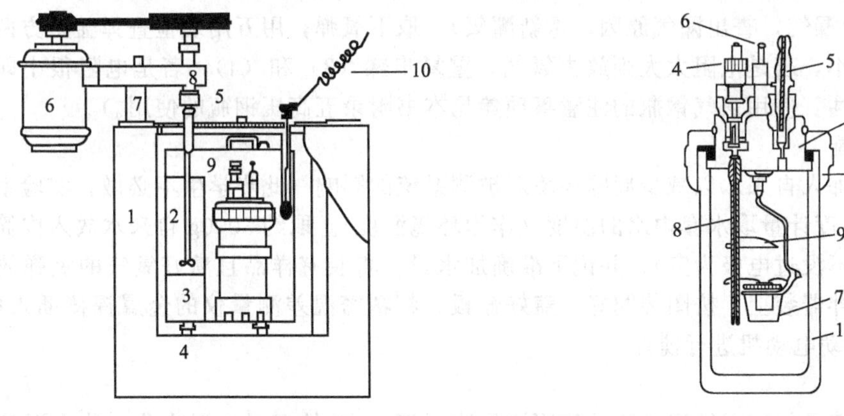

图 2-12　氧弹式量热计

图 2-13　氧弹的构造

仪器的热容测定按以下步骤进行：

（1）压片

检查压片的饼模，如发现内有铁锈或污垢，必须用净布揩净，然后才能压片。取 0.6～0.8g 的苯甲酸，倒入模中，拧紧螺杆，使苯甲酸压成片，退松模托，推开模托，再拧紧螺杆，压成的样片就从模孔推出。

（2）称样

检查样片有无沾污，如有，可用小刀刮干净。先分别称量 20cm 的棉线和 10cm 的燃烧丝，用棉线将样品绕在燃烧丝上，将此片称重记为 m（精确到 0.0002g）。

（3）装样

将氧弹打开弹盖 2（参见图 2-13）然后将弹盖放在弹架上，揩净电极 6、8 及弹内壁的污秽，挂上燃烧皿，再将已准确称量的样品上的燃烧丝的两端紧系在两极上，用万用表检查两极间电阻是否很小，且两极间又不相碰时，说明体系导通而不短路，则可盖上弹盖并将它拧紧。拧紧放气口的螺丝，再次测量电阻，若电阻太大，说明体系可能断路，则需重接。

（4）灌氧

把电极兼进气管用高压铜线管和氧气钢瓶的氧气表连接，如图 2-14 所示，开启氧气瓶

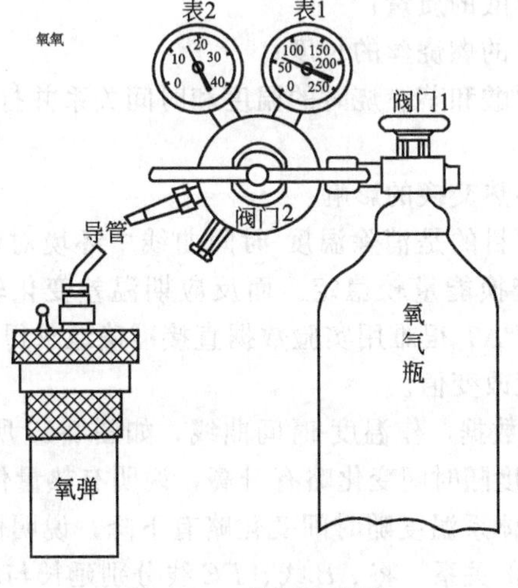

图 2-14　充氧示意图

的总阀门，打开氧表的减压阀门 2，使氧表出口压力的读数为 1.0MPa。当氧弹中灌满氧气后，关闭氧气减压阀门，等 10s 左右，看表 2 的压力数值是否变小，如不变，则表示不漏气（否则说明氧弹漏气，查出漏气原因，重新灌氧）。取下氧弹，用万用表检查弹盖上方两电极间是否电阻很小，若是电阻太大则放去氧气，重复步骤（3）和（4），若是电阻很小即可进行下步实验（注：使用氧气钢瓶的注意事项参见本书附录五高压钢瓶的使用。）

（5）总装配

向水套中加入自来水以减少周围环境对被测系统的影响（此步学生不必做，实验室已预先做好）。用温度计量取水套内水的温度（作为环境温度）。取约 3000g 自来水放入内筒（以盖住氧弹盖但不没过电极为宜），并记下准确加水量。将装有样品且灌好氧气的氧弹放入内筒，将电动搅拌器装上，按图装配好。盖好盖板，将精密温差测量仪的金属探棒插入内筒，接通电源，开动电动机进行搅拌。

（6）测温

打开无纸记录仪（无纸记录仪的使用详见附录四），开始记录水温变化，待水温按照一定的规律（升高或下降）稳定变化（大约 5～10min）后开始点火（开始至点火称反应前期，记 5～10min）。按点火键，使苯甲酸迅速燃烧，此时水的温度迅速上升，如果 1min 后温度仍没有明显上升，说明点火不成功，需重新装样开始实验。温度升至最高点称反应期。以后进入反应末期，至少记录 7min。

（7）检查铁丝燃烧情况，滴定燃烧时生成的硝酸

停止记录，将无纸记录仪上的数据保存到电脑中（注意：每次重新开始记录数据，无纸记录仪上次记录的数据就会被清空，如需要保存数据请务必先保存在电脑中）。停止搅拌，小心取出金属探棒，取出氧弹，从排气口放去废气，旋开弹盖，量取剩余燃烧丝的长度，计算燃烧了的铁丝质量 m'，倒出内桶的水。用蒸馏水（每次约 10mL）洗氧弹内部三次，洗涤液收集在 250mL 烧杯中，加热除去 CO_2 后，用 $0.1mol \cdot L^{-1}$ NaOH 标准溶液滴定至终点（酚酞作指示剂）。

3. 量取相同体积的水，以同样方法测定萘的燃烧热（取样 0.6g 左右，称准至 0.0002g）

4. 实验完毕，将氧弹洗净、揩干

五、数据记录与处理

1. 数据记录

（1）分别记下萘和苯甲酸的质量；

（2）量出并记下未烧尽的燃烧丝的长度；

（3）在电脑中调出苯甲酸和萘燃烧时的温度和时间关系并打印。

2. 数据处理

（1）校正量热计与外界热交换的影响

采用雷诺作图法的主要目的是消除温度-时间曲线中环境对体系的影响。测定的前期与末期内外温度变化不大，交换能量较稳定。而反应期温差变化较大，交换的热量也不断改变。燃烧前后的温度改变值 ΔT 很难用实验数据直接准确地求得。在热漏不大的情况下采用雷诺作图法校正体系的温度改变值。

测定不同时间体系温度数据，作温度-时间曲线，如图 2-15 所示：AB 线表示燃烧前体系温度与时间的关系，体系温度随时间变化略有升高，说明有热量传导至体系，EF 线表示燃烧后体系温度与时间的关系，体系温度随时间变化略有下降，说明体系有热量传给环境了。BE 线是燃烧过程中温度与时间的关系。将 AB 线、FE 线分别延长与时间 t_e 处的垂线交于 C 和 G 点。G、C 两点纵坐标之差为所求测量体系温度的改变值 ΔT，即 $\Delta T = T_G - T_C$。

雷诺作图法中 t_e 点位置的选择一般有两种方法：

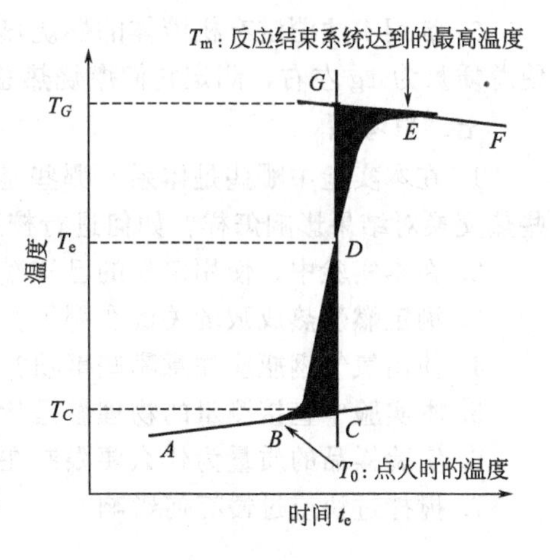

图 2-15　燃烧热的温度-时间曲线

① 选择 t_e 点作垂直于 x 轴的线分别交 AB 线、FE 线延长线于 C、G 点，交实验曲线 BE 线于 D 点，使 DEG 和 DBC 面积相等。

② 从一系列实验结果得知，T_e 点接近于(T_m-T_0）的 60%处。T_e 点可由下式计算：

$$T_e=(T_m-T_0)0.6+T_0 \tag{2}$$

式中，T_m 为反应结束体系达到的最高温度；T_0 为反应开始前一瞬间的体系温度。可由式(2）和 T_e，再找 t_e 点。即通过 T_e 点作平行于横坐标的直线，与实际反应的温度-时间曲线相交于 D 点，通过 D 点作垂线，与横坐标交点为时间 t_e。

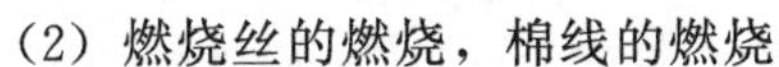

(2）燃烧丝的燃烧，棉线的燃烧

氧弹内 N_2 和 O_2 化合生成硝酸并溶入水中等都会产生热效应而使体系升温，所以在测热容量和燃烧热时，这些因素都必须校正。

① 燃烧丝燃烧的校正

铁丝的燃烧热：6694J·g^{-1}。

② 棉线燃烧的校正

棉线的燃烧热：16736J·g^{-1}。

(3）酸形成的校正

每毫升 0.1mol·L^{-1}NaOH 滴定液相当于 5.98J（放热），因此仪器热容量为：

$$K_x=-\frac{26440m+6694m'+16736m''+5.98V}{\Delta T_{甲}} \quad (\text{J}\cdot℃^{-1}) \tag{3}$$

式中　26440——苯甲酸的等容燃烧热，J·g^{-1}；

m——苯甲酸的质量，g；

m'——燃烧了的铁丝质量，g；

m''——燃烧了的棉线质量，g；

V——滴定洗涤液用去 0.1mol·L^{-1}NaOH 的体积，mL；

$\Delta T_{甲}$——苯甲酸完全燃烧使量热计温度升高的数值，即图 2-15 中 G、C 两点温差。

(4）计算萘的燃烧热 $Q_{萘V}$ 和 $Q_{萘p}$，并与文献数值（$Q_{萘p}=-5153.85\text{kJ}\cdot\text{mol}^{-1}$）比较算出其百分误差

$$Q_{萘V}=\frac{K_x\Delta T_{萘}-6694m'-16736m''-5.98V}{m_{萘}}\cdot M\times10^{-3} \quad (\text{kJ}\cdot\text{mol}^{-1}) \tag{4}$$

式中，M 为萘的摩尔质量，128.07g·mol^{-1}；$\Delta T_{萘}$ 为萘完全燃烧后使体系温度升高的数值。

$$Q_{萘p}=Q_{萘V}+\Delta nRT$$

六、讨论

1. 有时点火后温度不迅速上升，说明点火不成功，这可能是因为：因伸入弹体内部的电极上的燃烧丝的末端和氧弹壁接触而短路；连接控制器的电线或燃烧丝断了；由于漏气氧弹内氧气不足，可取出氧弹检查。

2. 切记在反应前期不可按点火键，以免造成实验失败。

3. 欲用本法测定有机液体的燃烧热，可将液体封入药用胶囊内，再加上一小片苯甲酸，使总质量为 1g 左右，测定它们燃烧热总值，然后扣除苯甲酸和胶囊的燃烧热即可。

七、思考题

1. 在本实验中哪些是体系？哪些是环境？体系和环境通过哪些途径进行能量交换？这些热交换对结果影响怎样？如何进行校正？

2. 在本实验中，使用定量的已知燃烧热的标准物质苯甲酸做什么？

3. 测定燃烧热成败的关键在哪里？点火失败的可能原因有哪些？

4. 使用氧气钢瓶应注意哪些事项？

5. 本实验中直接测量的物理量是什么？用氧弹式量热计所测得的燃烧热是 Q_V 还是 Q_p？

6. 实验样品的质量为什么要限制在 0.6～0.8g 之间，太多或太少有何不好？

7. 搅拌过快或过慢有何影响？

附件：实验中所用另一类型的氧弹装置见图 2-16。

图 2-16　氧弹装置

实验四　单元系气-液平衡测定

一、实验目的

1. 加深理解单元系气-液平衡的概念和平衡温度与压力的关系以及克-克方程的应用。

2. 掌握减压、恒压系统的操作方法和原理。

3. 了解气压计的构造，掌握其使用和校正方法。并理解为什么要进行这些校正。

4. 掌握动态法测定单元系气-液平衡压力-温度关系的原理和方法，并用斜式沸点计测定乙醇（或环己烷）的“压力-温度”关系，由此关系求平均摩尔汽化热。

5. 掌握斜式沸点计的结构特点。并与直立 Swietoslawski 沸点计比较以观察斜式沸点计有什么优、缺点。

6. 熟悉数字式低真空测压仪的使用。

二、基本原理

单元系气液两相平衡共存时，平衡温度（T）称为该液体的沸点，气相的压力称为该液体的饱和蒸气压（p）。在一般情况下 p 与 T 是一一对应的。对不同的物质，p 与 T 的函数关系是不同的，这种具体的函数关系仅由热力学无法给出，它需要靠实验来测定。

当 p-T 关系由实验测定出来后，便可通过单元系两相平衡的一个严格的热力学公式——Clapeyron 方程式求出摩尔相变热 $\Delta_{vap}H_m^\ominus$：

$$\frac{dp}{dT}=\frac{\Delta_{vap}H_m^\ominus}{T\Delta V} \tag{1}$$

式中，$\Delta_{vap}H_m^\ominus=\widetilde{H}_g-\widetilde{H}_l$为温度 T 时气相摩尔焓 $\widetilde{H}_g$ 与液相摩尔焓 $\widetilde{H}_l$之差，称为液体的摩尔汽化热；$\Delta\widetilde{V}=\widetilde{V}_g-\widetilde{V}_l$为气相与液相摩尔体积之差。

若将气相视为理想气体，且近似取 $\Delta\widetilde{V}=\widetilde{V}_g$，则式(1) 化为：

$$\frac{d\ln p}{dT}=\frac{\Delta_{vap}H_m^\ominus}{RT^2} \tag{2}$$

此式称为 Clapeyron-Clausius（克-克）方程。显然，它比式(1) 方便，但不如式(1) 精确。

本实验中，通过积分式(2) 从 p-T 数据求取平均摩尔汽化热 $\Delta_{vap}H_m^\ominus$。

$\Delta_{vap}H_m^\ominus$ 是温度的函数，但若温度间隔不大，积分式(2) 时近似地将其视为常数，如此求出的 $\Delta_{vap}H_m^\ominus$ 是该温度范围的平均值。

$$\ln p=\frac{-\Delta_{vap}H_m^\ominus}{RT}+C \tag{3}$$

式中，C 为积分常数。

式 (3) 表明，当把 $\Delta_{vap}H_m^\ominus$ 视为常数时，$\ln p$ 与 $1/T$ 为直线关系，直线的斜率为 $\frac{-\Delta_{vap}H_m^\ominus}{R}$，因此可由 $\ln p$-$1/T$ 数据得到 $\Delta_{vap}H_m^\ominus$。

三、p-T 关系的测定方法

测定 p-T 数据的方法目前主要有三种：

(1) 动态法：利用一种称为 Ebulliometer 沸点计的仪器使体系在恒压下达到一种动态的气-液平衡后，测出平衡温度。

(2) 静态法：利用一种称为 Isoteniscope 等压计的仪器，当体系在恒温下达到一种静态的气-液平衡后，测出平衡压力。

(3) 饱和气流法：在恒温恒压下使惰性气体通过被测液体，并控制气流使其为被测液体的蒸气所饱和，然后测定所通过的气体中被测物质的含量，由此计算出的蒸气分压即为被测液体的饱和蒸气压。

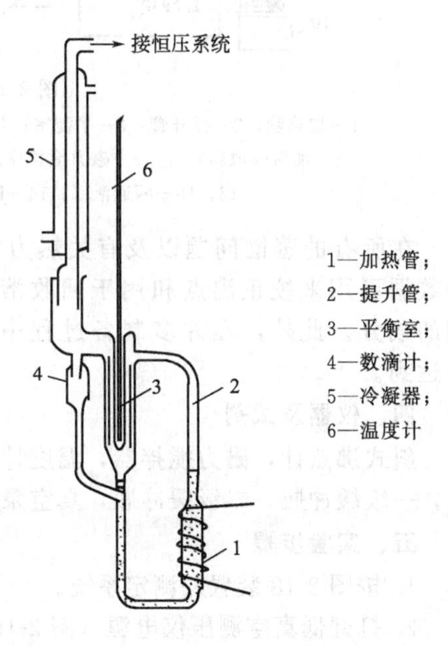

图 2-17 Swietoslawski 沸点计

本实验采用动态法。动态法测定系统由沸点计与恒压系统组成。沸点计的功能是使装在其中的被测物质在恒压下达到稳定的气-液平衡状态，从而得到对应于给定压力的沸点。为此，前人曾

设计过多种“直立式”沸点计，其中最具有代表性也是最常用的是 Swietoslawski 沸点计，如图 2-17 所示。它的运行情况如下：当加热管 1 中的液体被加热至沸腾后，气-液混合物经提升管 2 喷入平衡室 3，液体沿温度计管流下回到加热管 1 中，气体则上升到冷凝器 5 中，冷凝后经数滴计 4 流回加热管 1 中。

直立式沸点计的提升管高度较大，因此必须使加热管中的液体较剧烈地沸腾才能经提升管进入平衡室，结果提升管中的液体是气、液相间脉冲式地向上喷入平衡室的，这使得液体与测温套管的接触也随之脉动，从而使所测温度发生变动。

本实验采用斜式沸点计。斜式沸点计的加热管、提升管和平衡室都是倾斜的，这使得流体从加热管至平衡室的提升高度比直立式沸点计大大降低，这样，加热管中的液体只需微微沸腾后即沿提升管徐徐而上，并以同样的方式在平衡室的内环隙中流下。液体在其中流动和传热的稳定性比在直立式沸点计中有明显的改善，从而使平衡温度非常稳定。它的优良工作特性已为从事溶液热力学研究的工作者认可。

图 2-18 的斜式沸点计比通常的斜式沸点计多了液相和气相取样口（5 和 6），这是在测定二元气-液平衡时取样用的（本实验中无须使用 5、6 两取样口）。

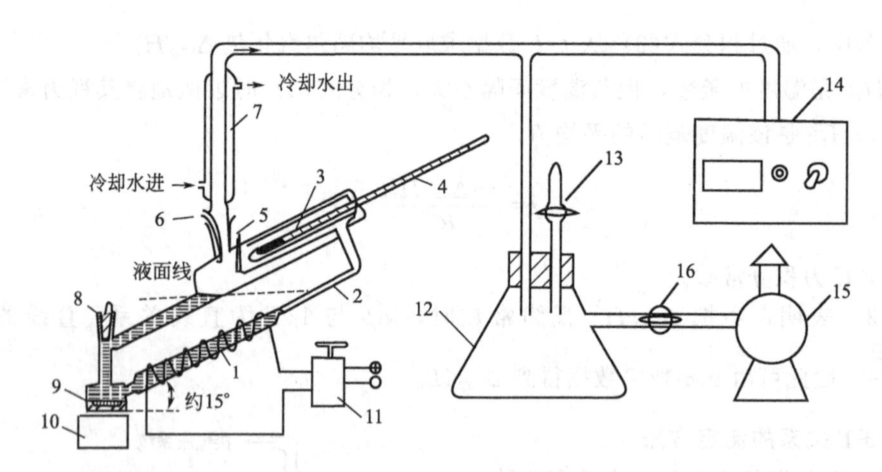

图 2-18 多功能斜式沸点计

1—加热管；2—提升管；3—平衡室；4—温度计；5—液相取样口；6—气相取样口；7—冷凝管；8—加料（取料）口；9—磁力搅拌棒；10—磁力搅拌器；11—加热电压调节器；12—缓冲瓶；13，16—两通活塞；14—DPC-2B 型数字式低真空测压仪；15—真空泵

在所有的蒸馏问题以及有关热力学性质的计算中，蒸气压的测定极为重要。蒸气压的数据可用来校正沸点和用于回收溶剂，还可凭控制蒸发液体的温度来精确地调节气相的成分。此外，在许多制备过程中显得十分重要的温度条件，也可依靠水的蒸气压来达到。

四、仪器及试剂

斜式沸点计，磁力搅拌器，温度计，加热系统（电阻丝和电压器），减压系统（真空皮管，一级缓冲瓶，二级缓冲瓶，真空泵），数字式低真空测量仪；乙醇或环已烷（分析纯）。

五、实验步骤

1. 按图 2-18 装置好测定系统。

2. 打开低真空测压仪电源（图 2-19），预热 15min，在体系通大气的条件下按下校零按钮，使面板显示值为 0000，将单位开关置于 kPa（或 mmHg）挡。

3. 测定系统检漏。关闭活塞 13，使体系与大气隔绝。开启真空泵抽气，打开活塞 16，让体系与真空泵相通，使体系的压力较大气压低 45kPa 以上（即低真空测压仪上数值为 45kPa），关闭活塞 16，使体系与真空泵 15 隔绝。观察 15min，若变化值小于 0.25kPa（或 2.0mmHg），即可认为体系不漏气。否则要找出漏气部位并采取适当的措施，使之不漏气。

4. p-T 关系的测定。本实验按照从低压到高压的顺序测定体系不同外压时的沸点。

a. 冷凝管 7 通冷却水，同时将斜式沸点计的加热电压调到 0V，将磁力搅拌器的搅拌速度调至最小。

b. 接通电压调节器 11 和磁力搅拌器 10 的电源。

c. 关闭活塞 13，开启真空泵，若 2～3min 后，打开活塞 16，使体系压力下降，当低压真空测压仪的值为－43～－42kPa（或－320～－315mmHg）时，关闭活塞 16，使体系与真空泵 15 隔绝。

d. 调节磁力搅拌器的速度旋钮，将搅拌速度调至一合适速度（不要太快，否则磁子将钻入斜式沸点计的加热管中）。

e. 调节调压器，渐渐升高加热电压（注意，加热电压切勿过高，否则将烧断加热丝，每台仪器的加热电压数值都已事先标定在调压器上，千万勿越过此值）加热液体。

f. 待体系沸腾，冷凝管中有冷凝液开始回流后，通过调节加热电压，使冷凝液回流速度为每分钟 6～10 滴。观察温度计 4 的示值变化情况，待温度稳定后，记下此值，同时立即记下低真空测压仪所显示的数值。

g. 用活塞 13 向体系充气，每次升压 6.0kPa（或 45mmHg），并重复步骤 f，直至体系的压力等于大气压（共计约测六个实验点）。实验完毕后，将电压调节器 11 调到 0V，将磁力搅拌器 10 的转速调至最小，断开电源，关好冷凝管 7 的冷却水，整理并擦净桌面。

六、数据记录和处理

1. 数据记录

列表记下不同压力 $p_{测}$ 下所测得的体系的沸点 $T_{测}$，同时记下大气压 $p_{大}$，并算出大气压校正值 $p_{校}$ 和 $p_{体}$（$p_{体}=p_{校}-|p_{测}|$）。

2. 数据处理

（1）用公式 $T_{计}=T_0-\frac{T_0}{10}\times\frac{101325-p_{校}}{101325}$求出体系在大气压下的沸点 $T_{计}$（式中 T_0 为所测体系在 $p^{\ominus}$时的正常沸点）。

（2）用公式 $\Delta T=T_{测,大气压}-T_{计}$ 求出温度计的校正值 ΔT。

（3）用公式 $T_{校}=T_{测}-\Delta T$ 求出每个压力下体系沸点的校正值。

（4）将实验所测得的数据和上面计算的 $T_{校}$ 列成表，并以 $\ln p_{体}$ 对$\frac{1}{T_{校}}$ 作图，用克-克方程求出 $\Delta_{vap}H_m^{\ominus}$。

七、讨论

1. 温度计的校正值 ΔT 可按本实验所讲的经验公式 $T_{计}=T_0-\frac{T_0}{10}\times\frac{101325-p_{校}}{101325}$ 先求出 $T_{计}$，再按式 $\Delta T=T_{测,大气压}-T_{计}$ 求得 ΔT。如需要严格校正，其校正方法是用所用的温度计与标准温度计浸在同一液体中观察它们的差值。如果是全浸式的，则两支温度计需全部浸入被测液体中比较其读数，所用温度计与标准温度计的差值即为校正值。在校正中即使所用温度计示值与标准温度计一致，但由于在测量过程中不可能将温度计全部浸在被测系统中，所以对实验中实际测量的结果还需考虑露颈的校正。校正方法参见本书附录的温度测量部分。

2. 斜式沸点计加料口 8 以及冷凝管与气液平衡室接口处最好采用标准磨口密封而不用真空油脂，因为真空油脂容易进入被测样品中而使测量结果不准。如实在要用真空油脂密封，一定要格外小心，不要使其溶入被测体系中。

3. 原则上判断气-液平衡的方法是冷凝管末端有一滴回流液既不被挥发又不滴下，且温度计读数稳定不变。但为了便于操作和观察，我们取判断气-液平衡的条件为温度稳定不变且气相冷凝液的回流速度为每分钟 5～6 滴。这样操作所产生的温度误差在我们的实验条件下可忽略不计。

八、思考题

1. 本实验的操作步骤是按照从低压到高压（大气压）的顺序，相对于从高压到低压的操作顺序有什么好处？

2. 如果密封用的真空油脂不小心溶入被测体系中，导致测量结果（沸点）是偏高还是偏低？

3. 克-克方程式在什么条件下才能应用？

4. 在开启活塞将空气放入系统时，放得过多怎么办？

5. 在装置上安置缓冲瓶和毛细管的目的是什么？

6. 汽化热与温度有无关系？

7. 简述准确读取气压计的步骤？气压计的读数要不要进行校正？要进行哪些校正？为什么要进行这些校正？在一般情况下，我们只需进行哪些校正（有关气压计的构造、使用、校正参见附录之气体压力的测量和控制）？

附件：数字式低真空测量仪见图 2-19。

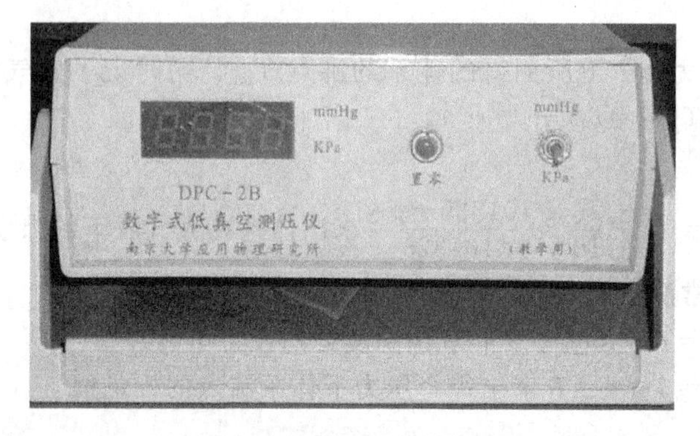

图 2-19　数字式低真空测量仪

实验五　斜式沸点计法测定二元互溶系气-液平衡相图

一、实验目的

1. 了解恒压（大气压）下气-液平衡数据的测定方法，用斜式沸点计测定乙醇-环己烷气-液平衡数据并绘出 T-x 相图。

2. 了解斜式沸点计的构造特点，与一般沸点计比较斜式沸点计有哪些优、缺点。

3. 掌握阿贝折光仪的构造、原理、使用方法，并用阿贝折光仪测定溶液组成。

二、基本原理

根据相律，在恒定的压力 p 下，二元系气-液平衡共存时，体系的独立强度变量只有一个，因此体系的平衡温度 T、平衡液相组成 x 存在着一一对应的 T-x 关系（称为泡点线）；同理，T 与气相平衡组成 y 也存在着一一对应的关系（称为露点线）。以 T 为纵坐标，以 x、y 为横坐标，绘出 T-x 和 T-y 曲线，便得到了恒压下的气-液平衡相图［有时简称 T-x（y）图］。

二元互溶系是指对于任意的组成其液相均为一相的两组分体系。实验表明，在通常的温度和压力下，它的 T-x（y）图有三种类型（图 2-20～图 2-22，图中，x 和 y 都以组成 B 的摩尔分数表示）。

与图 2-20 不同，图 2-21 和图 2-22 中分别存在着最小和最大极值点（分别称为最低恒沸点和最高恒沸点）。由热力学理论可以证明：在恒定的压力下，若气-液二相的平衡组成一样，则平衡温度必是最低或最高；反之亦然（本实验测定的环己烷-乙醇体系属于图 2-21 的类型）。

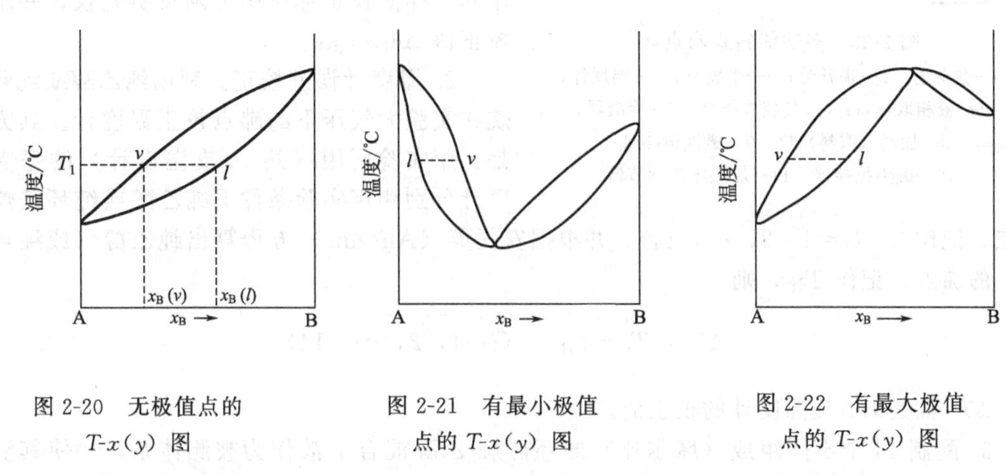

图 2-20　无极值点的 T-x(y) 图

图 2-21　有最小极值点的 T-x(y) 图

图 2-22　有最大极值点的 T-x(y) 图

测定二元互溶体系 T-x（y）图的方法是：在某个恒定的压力下，使体系达到气-液平衡状态，测出气-液平衡温度 T 后，同时取出气、液相样品并分析其组成 y 和 x，从而便得到 T-x 曲线上的一个点（T_0，x_B）和 T-y 曲线上的一个点（T_0，y_B），如图 2-20 所示（近年来，也发展了一些用非分析方法测定气-液平衡数据的方法，这可以参见有关文献）。测定一系列不同组成溶液的沸点 T_i 和与之对应的 B（或 A）物质液相组成 x_i 和气相组成 y_i，以 x（y）为横坐标，T 为纵坐标可得 T-x（y）相图。

本实验采用测定折射率的方法分析样品的组成。此法的根据是：在给定的温度下，溶液的组成与其折射率是一一对应的。因此，可预先测定出一系列已知组成的该种溶液的折射率，得到所谓"组成-折射率"工作曲线。然后，测出未知组成的该种溶液的折射率，从工作曲线可查出对应的组成。

相平衡是后续课程化工原理的重要内容之一。以 T-x（y）相图作为依据之一的分馏操作，不论在工业生产中的物理提纯还是实验室研究中都有广泛的应用，因此熟悉溶液的沸点以及气-液平衡组成的测定方法是有益的。

三、仪器及试剂

本实验采用斜式沸点计测定 T-x（y）图，测定装置如图 2-23 所示。

测定溶液折射率采用阿贝折光仪，其构造、原理和使用方法参见本书附录之光学测量技术。

实验所需仪器和试剂如下：

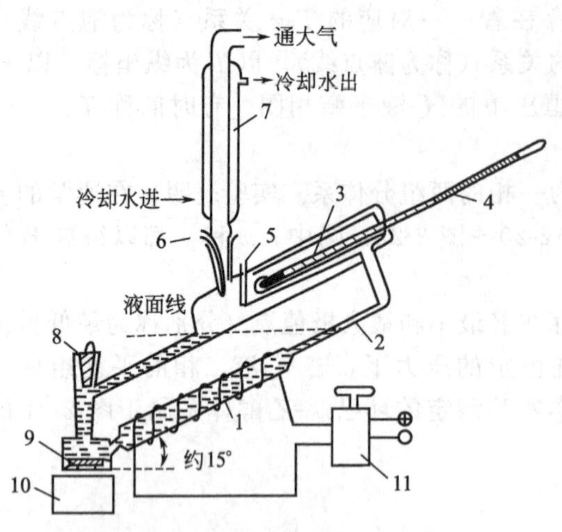

图 2-23　多功能斜式沸点计
1—加热管；2—提升管；3—平衡室；4—温度计；5—液相取样口；6—气相取样口；7—冷凝器；8—加料（取料）口；9—磁性搅拌棒；10—磁力搅拌器；11—加热电压调节器

斜式沸点计 1 套，电磁搅拌器 1 台，自耦式调压器（500W，0～250V）1 台，二级标准温度计（50～100℃，最小分度 0.1℃）1 支，注射器（1mL 或 2mL，14 支），阿贝折光仪，1 台，环己烷（分析纯），乙醇（分析纯）。

四、实验步骤

1. 校正阿贝折光仪。用纯乙醇（或纯环己烷）校正阿贝折光仪。求出校正值[$\Delta n_{(仪+温)}=n^{室}_{测,乙}-n^{15℃}_{标,乙}$ 或 $\Delta n_{(仪+温)}=n^{室}_{测,环}-n^{15℃}_{标,环}$]。在整个实验过程中要求每间隔 30min 用同一样品校正你所用的阿贝折光仪，并求出校正值 $\Delta n_{(仪+温)}$。

2. 温度计误差校正。利用纯乙醇或纯环己烷在实验大气压下的沸点校正温度计。其方法是：用实验所用（共 14 支温度计）的每支温度计分别测定实验条件下纯乙醇或纯环己烷的沸点，记作 T_i（i=1，2，…，14），并根据安托英（Antoine）方程算出纯乙醇（或纯环己烷）的沸点，记作 $T_{计}$，则

$$\Delta T_i=T_i-T_{计}\quad (i=1,2,\cdots,14)$$

ΔT_i 就是第 i 支温度计的校正值。

3. 配制 14 个不同组成（摩尔比）的环己烷-乙醇混合溶液作为被测体系，并使其沸点大致上分别为（℃）：纯乙醇沸点→76→74→72→70→67→65→67→70→72→74→76→78→纯环己烷沸点。

4. 将上述配制好的不同组成（沸点）的待测体系分别加入已编好编号（1～14 号）的斜式沸点计中（加样时可从加料口 8 加入，也可从冷凝器 7 上端加入），使溶液的液面至如图 2-23 所示的液面线以上。

5. 开通冷却水。

6. 开启磁力搅拌器，慢慢由小至大调节搅拌速度，同时不断调整磁力搅拌器的位置，使斜式沸点计中的小磁棒均匀、平稳地搅拌。调整好后，不要再随便移动搅拌器的位置，且搅拌速度不要太快，以免小磁棒钻入斜式沸点计的加热管中。

7. 加热。将变压器调到 0V 位置，插上变压器电源，将变压器的电压调到比规定数值(对于每台斜式沸点计，根据其加热电阻丝电阻值的大小，均有一规定值，该值由指导教师确定后标在每个变压器的调压钮上）高出约 2V（注意加热电压切勿过大，以免烧断加热器电阻丝）。待体系沸腾回流后，慢慢调低电压至标定值左右，使冷凝管末端冷凝液回流速度约为 6 滴/分钟左右。气液达到平衡，温度应恒定不变。

8. 记下气-液平衡时温度（沸点）$T_{测}$。

9. 测折射率。分别测定已达到气-液平衡时待测体系的 n_l 和 n_g。

10. 重复步骤 7～9，用同一台阿贝折光仪分别测定其他斜式沸点计中待测体系的 n_l 和 n_g，同时记下相应的平衡温度。

五、数据记录和处理

1. 数据记录

在数据记录表中记下不同组成的沸点及相应的 $n_{i,\mathrm{l}}$ 和 $n_{i,\mathrm{g}}$，同时记下温度计的校正值 ΔT_i 和阿贝折光仪的校正值 $\Delta n_{(仪+温)}$。

2. 数据处理

(1) 作标准工作曲线。以附录三环己烷-乙醇溶液 15℃折射率中的 $x_{环}$ 为纵坐标，以与之对应的折射率 $n_{标}^{15℃}$ 为横坐标，作图，并连成光滑的曲线。

(2) 用公式 $n_{i,\mathrm{l(g)}}^{15℃}=n_{测,i,\mathrm{l(g)}}^{室}-\Delta n_{(仪+温)}$ 求出第 i 个实验点的 $n_{i,\mathrm{l(g)}}^{15℃}$，将所求得的数值写入上述数据记录表格相应的栏中。

(3) 用公式 $T_{校,i}=T_{测,i}-\Delta T_i$ 求出 $T_{校,i}$，并将数据记录在数据记录表相应的栏中。

(4) 根据 $n_{\mathrm{g},标}^{15℃}$ 和 $n_{\mathrm{l},标}^{15℃}$ 的数值，用内插法从标准工作曲线上分别查出相应的 $x_{环,\mathrm{g}}$ 和 $x_{环,\mathrm{l}}$ 写入数据记录表相应的栏中。

(5) 根据数据记录表中 $T_{校,i}$、$x_{环\mathrm{l},i}$ 和 $x_{环\mathrm{g},i}$ 在坐标纸上画出实验大气压下的 T-x 和 T-y 曲线（即相图），并求出恒沸点的温度 $T_{恒}$ 和组成 $x_{环,恒}$（文献值为 64.6℃，$x_{环,恒}=0.56$）。

六、讨论

1. 原则上判断气-液平衡的标准是冷凝管末端有一滴回流既不挥发又不滴下，且温度计的读数值稳定不变。但为了便于操作和观察，我们取判断气-液平衡的条件为温度恒定不变且气相冷凝液的回流速度为每分钟 5～6 滴。这样操作所产生的温度误差在我们的实验条件下可忽略不计。

2. 温度计和气压计读数的校正方法请分别参见本书附录温度测量技术及气体压力的测量和控制。

3. 斜式沸点计用于测定气-液平衡克服了其他（如奥斯马沸点计、Swietoslawski 沸点计、埃立斯沸点计等直立式）沸点计的（过热、暴沸现象，气相分馏作用，温度波动较大，气相与液相回流率之比大等）不足之处。斜式沸点计可以在拟静态即看不出明显沸腾条件下操作。同时，稍加改进，斜式沸点计还可用于非分析法测量气-液平衡数据。

4. 实验过程中，我们要求每隔半小时用纯乙醇或纯环己烷（最好用纯乙醇或纯环己烷的气相样品）校正一次阿贝折光仪。其目的是为了消除在实验过程中室温变化的影响。因为温度升高 1℃，溶液的折射率下降约 0.0005。温度对折射率影响较大，最好是通过超级恒温槽将阿贝折光仪恒定在某一温度下测折射率，这样可以消除室温波动对折射率的影响。

七、思考题

1. 何为相图？二组分气-液平衡相图有几种类型？什么叫恒沸点？

2. 何为拉乌尔定律？结合具体实例，说明什么叫对拉乌尔定律发生正（负）偏差。

3. 如何绘制相图？本实验实际测量的物理量是什么？

4. 阿贝折光仪为何要校正，本实验是采用什么方法校正阿贝折光仪的？

5. 温度计读数为何要校正，本实验是如何校正的？如要更严格的校正，应如何校正，为什么？

6. 你如何由实验所测得的折射率求 $x_{环\mathrm{l(g)}}$？

7. 如何判断气液两相已达平衡？

8. 已知乙醇（A）-环己烷（B）体系的相图类型如图 2-21 所示，且又已知环己烷的沸点高于乙醇的沸点，环己烷的折射率大于乙醇的折射率。随着环己烷的摩尔分数增大，在实

验中你如何判断 $n_{l,i}$ 和 $n_{g,i}$ 的变化趋势以及在同一温度时，如何判断 $n_{l,i}$ 和 $n_{g,i}$ 的相对大小？

9. 根据你实验的体会，认为斜式沸点计有哪些优、缺点？

10. 在室温下测定折射率，存在什么问题？

实验六　二组分合金体系相图的绘制

一、实验目的

1. 通过绘制铋-锡二元体系合金相图，了解热分析法绘制相图的基本原理。

2. 掌握温差电势产生的原理和用热电偶测温的方法。

二、基本原理

1. 相图是根据实验绘制的。测绘二元液-固平衡相图的主要实验方法为热分析法。将二元系的固体混合物加热熔融成均匀液相，然后让其缓慢冷却，每隔一定时间测温一次。以温度（T）为纵坐标，时间（τ）为横坐标，作出温度与时间的关系曲线，称为冷却曲线或步冷曲线，如图 2-24(a) 所示。

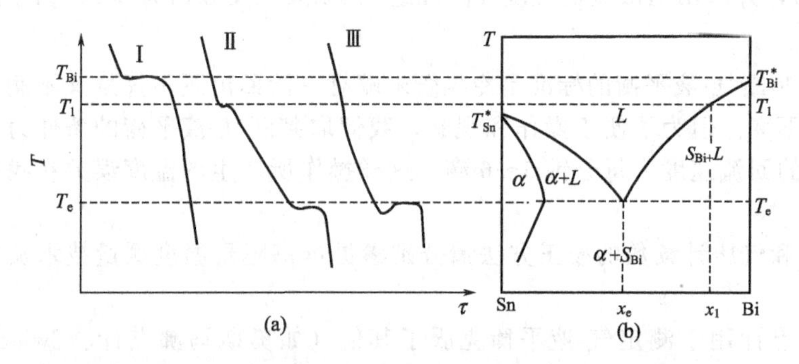

图 2-24　Sn-Bi 系统的冷却曲线（a）与液-固平衡相图（b）

曲线Ⅰ是纯 Bi 的冷却曲线。将 Bi 加热熔化后，让它的温度缓慢下降，当温度降到 Bi 的凝固点 T_{Bi} 时，在熔融体（L）中固体 Bi（S）结晶析出。由于结晶时放出热量，补偿了向环境的散热，温度保持不变，所以在冷却曲线上出现水平线段，当熔融体完全凝固后，温度又继续下降。显然，此冷却曲线的水平线段所对应的温度就是纯 Bi 的凝固点（熔点）。

曲线Ⅱ是含 Bi 摩尔分数为 x_1 的 Bi-Sn 混合物的冷却曲线。当其熔融体温度冷却到 T_1 时，固体 Bi 先析出。由于固体 Bi 的析出放热，使冷却速度变慢，所以冷却曲线的斜率改变而出现转折。当温度继续降到 T_e 时，系统中除固体 Bi 及熔融体外，还出现第三相即 Bi 溶在 Sn 中所形成的固溶体 α 相，此时三个相共存。所以系统温度保持不变，在冷却曲线上出现水平线段。直至系统液相消失全部凝固后，温度又继续下降。

曲线Ⅲ是含 Bi 摩尔分数为 x_e 的最低共熔物冷却曲线。当熔融体温度下降到 T_e 时，在熔融体中出现 Bi 在 Sn 中的固溶体 α 与纯 Bi 固体三相共存。所以系统温度保持不变，在冷却曲线上出现水平线段。此水平线段对应的温度是 Bi-Sn 系统最低的凝固点，称为最低共熔点。当系统全部凝固后，温度又继续下降。

将各条含 Bi 摩尔分数不同的系统冷却曲线中的转折温度、水平线段温度及相应的系统组成描绘成温度-组成图，即可得到如图 2-24(b) 所示的 Bi-Sn 液-固平衡相图。

合金相图有助于了解金属的成分、结构和性能间的关系。二组分液-固相图对确定分离混合物的操作条件和决定分离的极限起着重要的作用。此外在低熔合金的制造、熔盐电解时溶剂的选择和机械热加工等方面也得到广泛的应用。

2. 热电偶温度计。有关温差电势产生的原理和用热电偶测温的方法参见本书附录温度测量技术。

本实验用镍铬-镍铝热电偶配用无纸记录仪来连续记录热电偶热端的温度变化，实验装置见图 2-25。

图 2-25 实验装置图（包含升温炉和降温炉、控温装置和无纸记录仪等）

三、仪器及试剂

升温炉和降温炉，控温装置，无纸记录仪，镍铬-镍铝或镍铬-考铜铠装热电偶，硬质大试管或不锈钢样品管等；纯 Sn，纯 Bi，石墨粉或石蜡油。

四、实验步骤

1. 用感量为 0.1g 的台式天平分别配制 Bi 含量为 80%、58%、30%（质量分数）的 Bi-Sn 混合物各 100g，另称纯 Sn、Bi 各 100g 样品分别放在 5 支硬质试管中，其上面加石蜡油防止样品氧化。再插入一根小玻璃管，作为热电偶的套管，其中加入适量的石蜡油，以利传热（这一步骤实验前已预先做好）。

2. 设定控温装置左边仪表盘上的温度（此仪表盘控制升温炉的温度），设定温度至少比每个样的熔点或转折温度高 60℃，打开“升温炉”开关。

3. 依次将欲测的五个样品放在升温炉中加热熔化，将左侧的铠装热电偶插入样品中的套管，熔化后用热电偶套管小心搅拌使样品混匀，待完全熔化后再升高至熔点或转折温度，50℃左右即可转移至降温炉中，转移之前先拿出热电偶，这时换为右侧的热电偶放入样品的套管中，打开无纸记录仪的开关，稍等片刻后按无纸记录仪的“开始”按钮。为了适当加快降温速度，可以打开“降温炉（风扇）”按钮，在样品降温过程中要用套管不停地轻轻搅拌，直至难以移动。待样品降温至一定温度时（具体见表 2-1），按下无纸记录仪的“停止”按钮，到电脑上把刚才的数据保存好。在样品降温的同时，为了节省时间，可在升温炉中放入另一个样品进行加热熔化，重复同样的操作。

表 2-1 每个样大致熔点或转折温度和需要降到的温度

样品	大致熔点或转折温度/℃	需要降到的温度/℃
100% Bi	271	230
80% Bi	210	115
30% Bi	190	115
58% Bi	135	115
100% Sn	232	200

五、数据记录及处理

1. 在电脑上打开文件得到步冷曲线，点击曲线上相应位置，取点并打印。从热电势与温度对照表（附录三附表 19）求得冷却曲线上各相变点的对应温度。注意：根据热电偶冷端所处的温度求热端温度的方法见本书附录温度测量技术。

2. 列表表示各系统的组成和对应的有关相变温度，结合如下固溶体区的平衡数据，绘出 Bi-Sn 二元液固相图。并指出有关点、线、面的相和自由度数（部分数据已知，见表2-2)。

表 2-2 绘制 Bi-Sn 二元液固相图已知的数据

组成(含 Bi 质量分数)/%	转折温度/℃		
5.3	225	205	60
11.6	216	179	100
21.0	202	135	

六、讨论

1. 在实验过程中热电偶的冷端处于室温，而不是处于冰浴中，且由于热电偶冷端离热端较近，加之室温本身的波动，故在本实验中热电偶冷端是处在一个温度波动的环境中。为了能准确测定热端的温度，最好用补偿导线或冷端补偿器来校正（见本书附录温度测量技术)。或者对所用的热电偶作标准工作曲线。已知苯甲酸的熔点为 122.0℃，Sn 的熔点为 231.96℃，Bi 的熔点为 271.3℃，Sn-Bi 合金的最低共熔点为 135.0℃，以苯甲酸熔点(122℃)、Sn-Bi 合金的最低共熔点（135.0℃)、Sn 的熔点（232.0℃)、Bi 的熔点(271.3℃) 为纵坐标，以上述各点所对应的（冷端为 0℃）工作热电偶的毫伏数作横坐标，作出热电偶的工作曲线。再根据 Bi 含量为 30%、58%、80%以及纯 Sn、纯 Bi 各体系转折点和水平线段在冷端为室温下所对应的毫伏数和中间温度定律（见附录温度测量技术)，算出冷端为 0℃时各转折点和水平线段所对应的毫伏数，然后查表或利用热电偶工作曲线求出各转折点所对应的温度。

2. 本实验与汽-液平衡实验一样，其准确性取决于建立相平衡的条件。为此，熔融体冷却的速度要慢（降温炉孔外有保温物质)。否则，冷却曲线的转折点温度会偏低或不明显，以致被掩盖。另外，因样品管热容量有限，且上下散热速度不同，故热电偶要插入足够的深度，最好处在样品的中部。

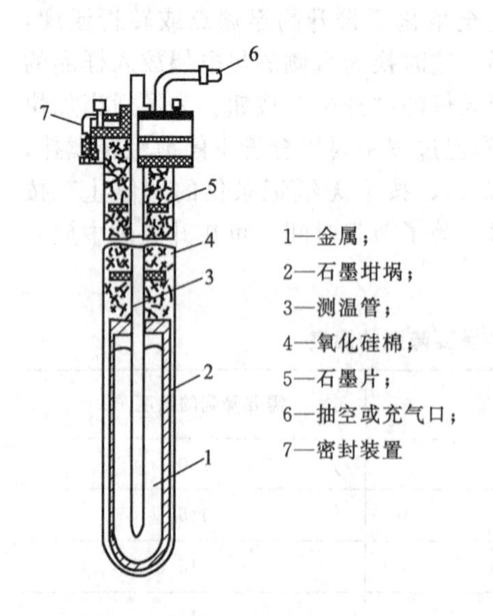

图 2-26 测定金属凝固点样品管

3. 在固溶体区，相变的热效应较小，要精确测定其冷却曲线，可用差热分析法。在温标传递中，测定固定的金属凝固点温度对设备要求较高，如图 2-26 所示。高纯度的金属置于外径 5cm、长 20cm 的石墨坩埚中，将插在其中的石英（或石墨）测温管外表面喷砂打毛，造成粗糙的表面，避免因辐射而造成热损失。为防止氧化，在上面铺盖高纯度的石墨粉，并在坩埚上部安放石墨片。整个容器抽真空（或充入惰性气体）后，置于控温良好的管式炉中。

七、思考题

1. 热电偶测量温度的原理是什么？本实验为什么要进行冷端补偿？如何补偿？

2. 实验中试样熔化后和冷却时为什么需仔细搅拌？

3. 为什么混合物的冷却曲线可有多个转折，而纯物质和低共熔混合物的冷却曲线只有一个转折？

4. 用相律分析低共熔点、熔点曲线以及各相区内的相及自由度数。

5. 实验中温度不宜太高，只需比熔点高出50℃左右即可。实验中如何知道样品的熔点温度？温度太高有什么不好？

6. 在实验中，由于冷端离热端较近而高于室温，而在数据处理中又将冷端的温度当室温处理，请问这样求得的总热电势是偏高还是偏低？为什么？

实验七　氨基甲酸铵分解压的测定（多相化学反应平衡常数和热力学函数的测定）

一、实验目的

1. 测定氨基甲酸铵的分解压力，并求得反应的标准平衡常数和有关热力学函数。

2. 了解真空泵的构造原理和使用方法以及获得低真空度的方法。

3. 掌握大气压力计的构造原理、使用方法以及气压计读数的校正方法。

二、基本原理

氨基甲酸铵的分解可用下式表示：

$$NH_2COONH_4(固) \longrightarrow 2NH_3(气) + CO_2(气)$$

设反应中气体为理想气体，则其标准平衡常数 $K^{\ominus}$ 可表示为：

$$K^{\ominus} = \left(\frac{p_{NH_3}}{p^{\ominus}}\right)^2 \frac{p_{CO_2}}{p^{\ominus}} \tag{1}$$

式中，p_{NH_3} 和 p_{CO_2} 分别表示某温度下 NH_3 和 CO_2 的平衡分压；$p^{\ominus}$ 为标准压力。设平衡总压为 p，则

$$p_{NH_3} = \frac{2}{3}p \tag{2}$$

$$p_{CO_2} = \frac{1}{3}p \tag{3}$$

代入式(1)，得到

$$K^{\ominus} = \left(\frac{2}{3} \times \frac{p}{p^{\ominus}}\right)^2 \times \frac{1}{3} \times \frac{p}{p^{\ominus}} = \frac{4}{27}\left(\frac{p}{p^{\ominus}}\right)^3 \tag{4}$$

因此测得一定温度下的平衡总压后，即可按式(4)算出此温度的反应平衡常数。氨基甲酸铵分解是一个热效应很大的吸热反应，温度对平衡常数的影响比较灵敏。但当温度变化范围不大时，按平衡常数与温度的关系式，可得

$$\ln K^{\ominus} = \frac{-\Delta_r H_m^{\ominus}}{RT} + C \tag{5}$$

式中，$\Delta_r H_m^{\ominus}$ 为该反应的标准摩尔反应热；R 为摩尔气体常数；C 为积分常数。根据式(5)，只要测出几个不同温度下的 $K_p^{\ominus}$，以 $\ln K_p^{\ominus}$ 对 $1/T$ 作图，由所得直线的斜率即可求得实验温度范围内的 $\Delta_r H_m^{\ominus}$。

利用如下的热力学关系式：$\Delta_r G_m^{\ominus} = -RT\ln K^{\ominus}$　(6)

$$\Delta_r G_m^{\ominus} = \Delta_r H_m^{\ominus} - T\Delta_r S_m^{\ominus} \tag{7}$$

还可计算反应的标准摩尔吉布斯函数变化 $\Delta_r G_m^{\ominus}$ 和标准摩尔熵变 $\Delta_r S_m^{\ominus}$ 等。

本实验用静态法测定氨基甲酸铵的分解压力。

三、仪器及试剂

恒温槽一套，等压计，大气压力计，DPC-2B 型数字式低真空测压仪，三通活塞，两通活塞，真空泵，氨基甲酸铵（自制），实验装置见图 2-27。

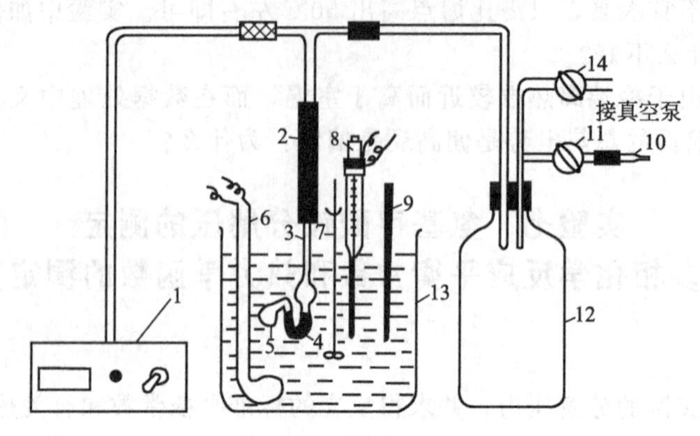

图 2-27　氨基甲酸铵压力测定装置

1—DPC-2B 型数字式低真空测压仪；2—厚壁胶管；3—等压计；4—液封；5—待测样品；6—电加热器；7—搅拌器；8—导电表；9—1/10℃水银温度计；10—毛细管；11—两通活塞；12—缓冲瓶；13—恒温槽；14—三通活塞

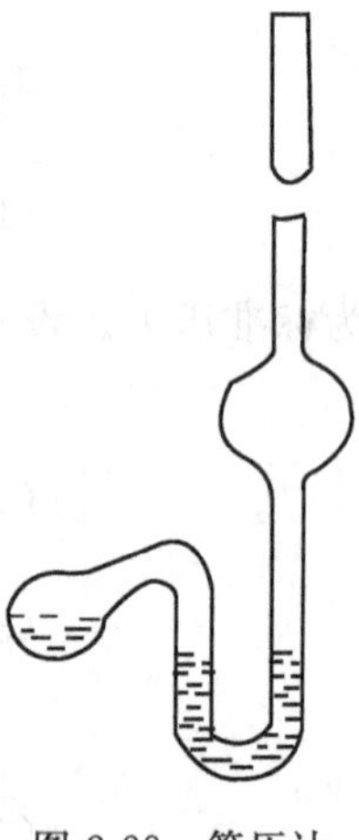

因碳酸盐、重碳酸盐、晶体水化物、氨合物、晶体氧化物、硫化物等均可发生类似的分解反应，故测定该类反应的平衡常数有其一定的理论和实际意义。在包含该类固相分解反应的工业生产中，分解压是确定其生产条件的重要依据之一。

四、实验步骤

1. 熟悉数字式真空测压仪的使用。

2. 将烘干的等压计 3 与胶管 2 接好，关闭活塞 11，旋转活塞 14，使体系与真空泵相连接，检查体系是否漏气。

3. 确信体系不漏气后，旋转活塞 11，使体系与大气相通。取下等压计，将氨基甲酸铵粉末装入等压计中，并轻轻抖动等压计，使氨基甲酸铵转移至盛样小球中，用吸管吸取干燥干净的汞少许滴入等压计的 U 形管中，使其形成液封，见图 2-28（注意：装汞时必须在搪瓷盘中进行，以免汞散失，毒害环境）。

图 2-28　等压计

4. 将等压计小心与真空橡皮管连接好(注意不要使氨基甲酸铵与汞相混)，然后把等压计固定于恒温槽中，调节恒温槽的温度至（25.0±0.1)℃，开动真空泵。关闭活塞 11，旋转活塞 14，使体系与大气隔绝，与真空泵相通，将体系中空气排出。约 2min 后，关闭活塞 14(使体系与真空泵和大气隔绝)，停止抽气。缓缓开启活塞 11，将少量空气放入体系直至等压计 U 形管两壁汞面平齐时，立即关闭活塞，观察等压计汞面，若在 5min 内保持平齐不变，则读取数字式真空测压仪上的数值及恒温槽的温度(注意：抽气时，开始时让连通体系和真空泵的活塞 14 保持半通状态，以免剧烈的抽气将水银抽出，约 1min 后再让活塞 14 处在全通状态)。

5. 为了检验盛氨基甲酸铵的小球内的空气是否已置换完全，可再使体系与真空泵连通，在开泵 1～2min 后再打开活塞 14（为什么?)，继续排气约 1min 后，按上述操作测定氨基甲酸铵的分解压力。

6. 如果两次测定结果相差小于 2mmHg 或 266.65Pa，就可以进行另一温度下分解压测定。这时调节恒温槽温度（30.0±0.1)℃，待数分钟后，从毛细管 10 缓缓放入少量空气，至等压计 U 形管两臂汞面平齐保持 5min 不变，即可读取数字式真空测压仪上的数值及恒温槽的温度。然后用相同的方法继续测定 35℃、40℃、45℃ 的分解压(注意：在以后的测量中，无需再抽气。在升温的过程中，若等压计的水银剧烈跳动，可从毛细管 10 放入少量的空气抑制它。放空气时不能一下子放入过多，以免将等压计中的水银冲入样品球中)。

7. 实验完毕后，将空气放入体系至数字式真空仪显示数值为零时，取下等压计，将其密封保存。

五、数据记录及处理

1. 数据记录

(1) 记下实验时室温；

(2) 准确测定实验时大气压的数值并校正之；

(3) 记录不同实验温度下测得的 $p_{真}$（$p_{真}$：数字式真空测压仪上显示的体系的真空度)。

2. 数据处理

(1) 求不同温度下系统的平衡总压 p(即 $p_{分解压}$)：

$$p_{分解压}=p_{大气,校}-p_{真}$$

并与如下经验式计算结果相比较：$\lg p_{分解压}=\frac{-2741.9}{T}+11.1448$

上式中 $p_{分解压}$ 用 mmHg 表示。

(2) 按式(4) 和式(6) 计算各分解温度下的 $K_p^{\ominus}$ 和 $\Delta_r G_m^{\ominus}$。

(3) 以 $\ln K_p^{\ominus}$ 对 $1/T$ 作图，按式(5) 由斜率求得 $\Delta_r H_m^{\ominus}$。

(4) 按式(7) 求各分解温度下的 $\Delta_r S_m^{\ominus}$。

六、讨论

1. 等压计的封闭液要求：a. 蒸气压小；b. 不与待测物及待测物所分解的产物起化学反应；c. 无毒且便于操作；d. 相对密度小。本实验中采用汞作封闭液，如使用硅油，则等压计的灵敏度更高。

2. 由于 NH_2COONH_4 易吸水，故在制备及保存时所使用的容器都应保持干燥。若 NH_2COONH_4 吸水，则生成$(NH_4)_2CO_3$ 与 NH_4HCO_3，样品即变成它们的混合物。虽说 $(NH_4)_2CO_3$ 的分解压与 NH_2COONH_4 十分接近，对本实验的结果影响不大。但是 NH_4HCO_3 的分解压恒比 NH_2COONH_4 要小，所以过多的 NH_4HCO_3 存在，就会引起实验误差。

3. 本实验的装置与静态法测定单组分液体饱和蒸气压的装置相同，故本装置也可用来测定液体的蒸气压。

4. 氨基甲酸铵极易分解，所以无商品销售，需要在实验前制备。方法如下：在通风柜内将钢瓶中的氨与二氧化碳在常温下通入一塑料袋中，一定时间后在塑料袋内壁上即附着氨基甲酸铵的白色晶体。

注：钢瓶中的氨气和二氧化碳气体要各自经过 NaOH(s) 和 H_2SO_4，以除去 H_2O，否则会有碳酸铵或碳酸氢铵生成。如果没有现成的钢瓶气体，也可用化学方法产生 CO_2 和用氨水产生 NH_3 制备氨基甲酸铵。其方法是，在启普气体发生器上部放置一盛有 HCl 的滴液漏斗，下面放置 Na_2CO_3(s)，让 HCl 以一定速度滴下，通过化学反应生成 CO_2；同时将氨水置于一恒温水浴中产生 NH_3。分别将产生的 CO_2 和 NH_3 各自通过 NaOH(s) 和浓

H_2SO_4，然后在常温下将两种气体通入一塑料袋中即可（以上操作皆在通风橱内进行）。

七、思考题

1. 测定分解压力之前，为何先要抽除样品球内的空气？如空气没有抽尽，对实验结果$K^{\ominus}$值有何影响？

2. 如何判断氨基甲酸铵的分解是否达到平衡？若在未达平衡时即进行测定，将对实验结果有何影响？

3. 为何要严格控制恒温槽的温度？用什么数据可以估计温度对平衡常数的影响？

4. 为何要求对气压计读数进行仪器误差校正和温度校正？若不进行这些校正，对$p_{分解压}$的数值会引起多少误差？

5. 在本实验中，安装缓冲瓶和毛细管的作用是什么？

6. 在放入空气调节等压计平齐时，为什么一次不能放入空气过多？一次放入空气过多将会产生什么后果？

7. 在温度已恒定在指定温度，等压计调节平齐后，若稍等片刻，往往发现等压计两边高度发生了变化，为什么？请解释可能原因？

8. 在本实验中，体系的独立组分数和定温下的自由度各为多少？

实验八 电动势的测定及其应用

一、实验目的

1. 掌握对消法测定电池电动势的原理及直流电位差计的构造原理和正确使用方法。

2. 学会盐桥和一些电极的制备。

3. 掌握可逆电池电动势测定方法及其应用。

4. 掌握标准电池的构造、原理及使用方法和注意事项。

二、基本原理

原电池是由两个“半电池”组成的，每一个半电池中有一个电极和相应的溶液，由不同的半电池可以组成各式各样的原电池。电池反应中正极起还原作用，负极起氧化作用，而电池内部还可能发生其他过程(如发生离子迁移)。电池反应是电池中所有反应和过程的总和，其电动势为组成该电池的两个半电池的电极电位的代数和（假设两电极溶液互相接触而产生的液接电位已用盐桥抵消)。

$$E=\varphi_{右}-\varphi_{左}=\left[\varphi_{右}^{\ominus}-\frac{RT}{nF}\ln\frac{(a_{还原态})_{右}}{(a_{氧化态})_{右}}\right]-\left[\varphi_{左}^{\ominus}-\frac{RT}{nF}\ln\frac{(a_{还原态})_{左}}{(a_{氧化态})_{左}}\right] \quad (1)$$

若知道一个半电池的电极电位，则所有其他半电池的电极电位值均可求得，但迄今我们还不能从实验或理论上来确切地测定单个半电池的电极电位(为什么?)。在电化学中，电极电位是以某一电极为基准而求出其他电极电位的相对值。公认的基准是标准氢电极(即在$a_{H^+}=1$、$p_{H_2}=1$大气压时被氢气所饱和的铂电极)，并规定它的电极电位为零，我们把它称为氢标。由于氢电极使用比较麻烦，因此常把具有稳定电位的电极，如甘汞电极、银-氯化银电极等作为第二类基准，称为参比电极，关于参比电极的类型、制备及选用条件参见本书附录电学测量技术。

通过对电池电动势的测定可求算某些反应的ΔH、ΔS、ΔG等热力学函数，电解质平均活度系数，难溶盐的浓度积和溶液的 pH 值等数值。但用电动势的方法求如上的那些数据，必须是能够设计成可逆电池，且所设计电池的电池反应就是所要求的反应。例如用电动势法求 AgCl 的K_{sp}需设计成如下的电池：

$$\text{Ag-AgCl}|\text{KCl(m)}\|\text{AgNO}_3\text{(m)}|\text{Ag}$$

因为该电池的电极反应为：

左边　负极反应　$Ag^+ Cl^- \longrightarrow AgCl + e^-$

右边　正极反应　$Ag^+(m) + e^- \longrightarrow Ag$

电池的总反应　$Ag^+(m) + Cl^-(m) \longrightarrow AgCl$

它的电动势为

$$E = E_{右} - E_{左} = \left[\varphi^{\ominus}_{Ag^+/Ag} - \frac{RT}{F}\ln\frac{1}{a_{Ag^+}}\right] - \left[\varphi^{\ominus}_{Cl^-/AgCl,Ag} - \frac{RT}{F}\ln a_{Cl^-}\right]$$

$$= E^{\ominus} - \frac{RT}{F}\ln\frac{1}{a_{Ag^+}a_{Cl^-}}$$

因

$$\Delta_r G^{\ominus} = -nE^{\ominus}F = -RT\ln\frac{1}{K_{sp}}$$

故

$$E^{\ominus} = \frac{RT}{nF}\ln\frac{1}{K_{sp}} \qquad (n=1)$$

$$E = \frac{RT}{F}\ln\frac{a_{Ag^+}a_{Cl^-}}{K_{sp}}$$

$$\lg K_{sp} = \lg a_{Ag^+} + \lg a_{Cl^-} - \frac{EF}{2.303RT} \tag{2}$$

可逆电池的电动势不能直接用伏特计来测量，因为将伏特计和待测电池接通后，电池将会因电流通过而发生变化，引起溶液浓度的改变，电动势就不能保持稳定。而且电池本身有电阻，伏特计测量的只是电池的端电压，小于电池的电动势，所以要准确测定电池的电动势只有在无电流通过或只有极微小的电流通过的情况下进行。对消法就是根据这一要求而设计的。其简单的线路见图 2-29。

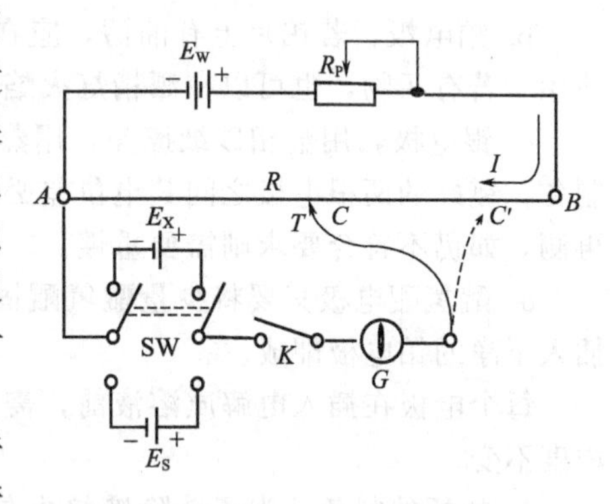

图 2-29　电位差计补偿法测量原理

标准电池 E_S 或待测电池 E_X 和工作电池 E_W 并联，工作电池 E_W 使均匀电阻 AB 上有电流通过并产生均匀的电位降。测定时先将滑动电阻触点 T 移动到 C' 点，使 AC' 段的电阻与标准电池电动势值成整数倍关系，合上开关 K，将双刀双掷开关 SW 拨向 E_S 侧与 E_S 接通，迅速调节可变电阻 R_P 直至 G 中指针指向零，此时标准电池的电动势与 AC' 的电位降等值反向而对消，这样回路中的工作电流就已校正好，如 AC' 段的电阻与标准电池电动势值比值为 1000，则工作电流为 1.00mA。固定可变电阻 R_P 将双刀双掷开关 SW 拨向 E_X 侧与 E_X 接通，迅速调节 T 移动到 C 点，使检流计 G 中指针指向零，此时待测电池 E_X 的电动势与 AC 段的电位降等值反向而对消，因而 AC 段的电阻乘以工作电流即为 AC 段的电位降，也即为待测电池 E_X 的电动势。

在实际的仪器中，为了测定方便，已将 AB 间的电阻按 $U = I_W R$ 以电压的数值标出（如 1000Ω 处标以 1.00V，1500Ω 处标以 1.50V 等）。

由于用对消法测原电池电动势的精度高，故对那些可安排成电池的化学反应用测电动势的方法求得的热力学函数改变值（如 $\Delta_r G_m$、$\Delta_r S_m$、$\Delta_r H_m$ 等），其准确度远高于用热力学方法所测得的数值。

电动势的测定不但可用于求氧化还原反应的平衡常数，计算电解质溶液的平均活度系数以及难溶盐的溶度积；其他如电位滴定、测定 φ-pH 图等也应用甚广。有关应用可查阅专著。

三、仪器及试剂

UJ-24 型电位差计，光点反射检流计（$10^{-9}\text{A}\cdot\text{mm}^{-1}$），精密直流稳压电源（工作电源），毫安表，韦斯顿标准电池，小烧杯（6 只），银电极（216 型 2 支），饱和甘汞电极（212 型），导线（8 根），小铁板架及电极夹（各 2 个）盐桥（3 根），铂电极（213 型）；HCl（$0.100\text{mol}\cdot\text{L}^{-1}$），$AgNO_3$（$0.100\text{mol}\cdot\text{L}^{-1}$），KCl（饱和），镀银溶液，未知 pH 溶液，醌氢醌，琼脂等。

四、实验步骤

有关直流电位差计的构造和测量电动势的原理及使用方法；盐桥的制备；检流计等参见本书附录电学测量技术。

本实验测定三个电池的电动势：

$Hg\text{-}Hg_2Cl_2$ | 饱和 KCl 溶液 ‖ $AgNO_3$（$0.100\ \text{mol}\cdot\text{kg}^{-1}$）| Ag　　(1)

$Hg\text{-}Hg_2Cl_2$ | 饱和 KCl 溶液 ‖ 醌氢醌饱和的未知 pH 溶液 | Pt　　(2)

Ag-AgCl | HCl($0.100\ \text{mol}\cdot\text{kg}^{-1}$) ‖ $AgNO_3$($0.100\ \text{mol}\cdot\text{kg}^{-1}$) | Ag　　(3)

1. 电极的制备。

a. 甘汞电极系采用现成的商品，不需制备，只要求在使用前用蒸馏水淋洗干净。

b. 铂电极，若铂片上有油污，应在丙酮中浸泡，然后用蒸馏水淋洗且用滤纸吸干即可使用。若有污物，也可以在酒精灯火焰中烧红除去。

c. 银电极，用金相砂纸擦亮，用蒸馏水洗净即可使用，银-氯化银电极按附件二的方法制备，镀好的两根电极之间其电位差必须在 1mV 以内。如果超过此值可将它短路 10min 后再测，如仍不符合要求则需要重镀。

d. 醌氢醌电极只要将少量醌氢醌固体加入待测的未知 pH 溶液中使成饱和溶液，然后插入干净的铂电极即成。

每个电极在插入电解质溶液前，需先用蒸馏水淋洗再用滤纸吸干才能插入，以保证溶液浓度不变。

2. 盐桥的制备。为了消除液接电位，必须使用电桥，其制备方法为：将琼脂、KNO_3（为何不用 KCl?）与蒸馏水以 1.5∶20∶50 的比例加入到锥形瓶中，于热水浴中加热使其溶解，然后用滴管将它灌入已经洗净的 U 形管中至满（注意：U 形管的中间及两端不能留有气泡），冷却后待用。

3. 如图 2-30 先将测量转换 K_1、检流计开关 K_2 置于"断"的位置。按图所示连接线路（注意正、负极）。

4. 按图 2-30 组成上述（1）、（2）、（3）三个电池，并分别接入直流电位差计（注意正、负极）。

5. 校正检流计机械零点。

6. 接通直流工作电源 E_W，且使其直流电压在 2.9～3.3V（为什么?）之间。

7. 根据室温，按下式计算标准电池的电动势：$E_T=E_{20℃}+\Delta E_t$，$\Delta E_t=[-39.94(t-20)-0.929(t-20)^2+0.0090(t-20)^3-0.00006(t-20)^4]\times10^{-6}\text{V}$，并将标准电池电动势补偿旋钮 R_{NP} 调到由上式计算出的 E_T 值的位置（本实验中 t 为摄氏温度）。

8. 校正直流电位差计的工作电流 I_W。将测量转换旋钮 K_1 置于"标准"挡，检流计开

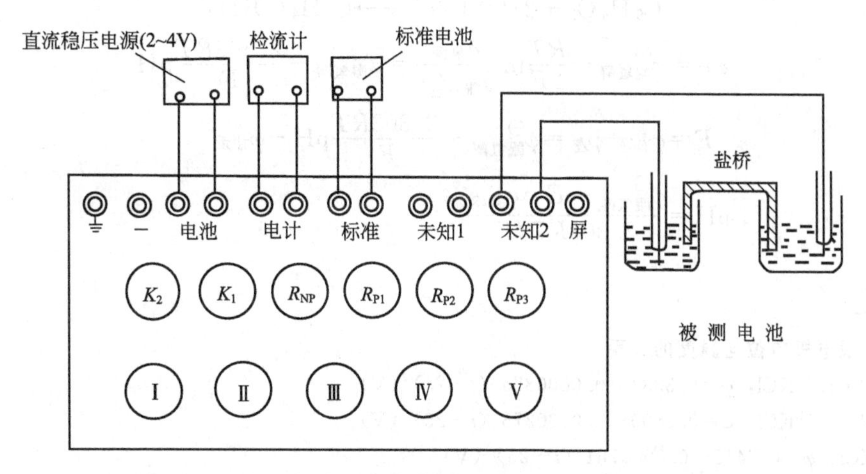

图 2-30 UJ-24 型直流电位差计面板示意及测量线路接线图

关旋钮 K_2 置于“粗”挡，接通检流计，按先后次序分别调节可变电阻 R_{P1}、R_{P2}、R_{P3}，使检流计指零，再将检流计开关旋钮 K_2 分别置于“中”和“细”，接通检流计再次按先后次序分别调节可变电阻 R_{P1}、R_{P2}、R_{P3}使检流计指零。此时工作电流调好为 1.00mA。

9. 将测量转换开关旋钮 K_1 置于“未知 1”或“未知 2”，根据预习时计算出的待测电池电动势，分别预置测量回路的Ⅰ、Ⅱ、Ⅲ、Ⅳ、Ⅴ五个旋钮的位置（为什么要事先预置测量回路的五个旋钮?)，检流计开关旋钮 K_2 顺次置于“粗”、“中”、“细”挡，接通检流计依次调节测量回路Ⅰ～Ⅴ五个旋钮，使检流计指针为零。此时旋钮上面窗孔出现的数字，即是待测电池电动势的准确数值，记下该值。

重复实验步骤 7、8、9 测定另外两个电池的电动势。

实验完毕后，必须把盐桥放在水中加热溶解并取出洗净，然后用蒸馏水冲洗三次下次备用。把其他各仪器复原，摆整齐，检流计不用时须短路。

五、数据处理

1. 由电池（3）测得的电动势求 AgCl 的 K_{sp}

已知 0℃时 0.100 mol·L^{-1} HCl 的平均活度系数 $\gamma_{\pm}^{0℃}=0.8027$，温度 t℃时之 $\gamma_{\pm}^{t℃}$ 可通过下式求得：

$-\lg\gamma_{\pm}^{t℃}=-\lg\gamma_{\pm}^{0℃}+1.620\times10^{-4}t+3.13\times10^{-7}t^2$

而 0.100mol·L^{-1} AgNO$_3$ 的 $\gamma_{Ag^+}^{25℃}=\gamma_{\pm}=0.734$，把这些数据（$a_{Ag^+}=\gamma_{Ag^+}m_{Ag^+}=\gamma_{\pm(AgNO_3)}m_{Ag^+}$，$a_{Cl^-}=\gamma_{Cl^-}m_{Cl^-}=\gamma_{\pm(HCl)}m_{Cl^-}$）和所测得的电动势值代入：

$$\lg K_{sp}=\lg a_{Ag^+}+\lg a_{Cl^-}-\frac{EF}{2.303RT}$$

即可算得 AgCl 的 K_{sp}（离子平均活度 $a_{\pm}=\gamma_{\pm}m$）（25℃K_{sp}文献值为 1.56×10^{-10}）。

2. 由电池（1）求 $\varphi^{\ominus}_{Ag^+/Ag}$ [$\varphi_{甘汞}=0.2415-7.61\times10^{-4}(t-25)$]

已知 $\varphi^{\ominus}_{Ag^+/Ag}=0.7991-9.88\times10^{-4}(t-25)+7\times10^{-7}(t-25)^2$

将 $\varphi^{\ominus}_{Ag^+/Ag}$的实验值与理论值比较求百分误差（要求小于 1%）。

3. 由电池（2）求未知溶液的 pH 值

已知 $\varphi^{\ominus}_{醌氢醌}=0.6994-7.4\times10^{-4}(t-25)$

醌氢醌为等物质的量（mol）的醌和氢醌的结晶化合物，在水中溶解度很小，作为正极时其反应为：

$$C_6H_4O_2+2H^++2e^-\longrightarrow C_6H_4(OH)_2$$

$$\varphi_{右}=\varphi^{\ominus}_{醌氢醌}-\frac{RT}{2F}\ln\frac{a_{氢醌}}{a_{醌}a^2_{H^+}}=\varphi^{\ominus}_{醌氢醌}-\frac{2.303RT}{F}\text{pH}$$

$$E=\varphi_{右}-\varphi_{左}=\varphi^{\ominus}_{醌氢醌}-\frac{2.303RT}{F}\text{pH}-\varphi_{甘汞}$$

$$\text{pH}=\frac{\varphi^{\ominus}_{醌氢醌}-E-\varphi_{甘汞}}{2.303RT/F}$$

附件一

(1) 甘汞电极电位与温度的关系

0.1mol·L^{-1}KCl，$\varphi=0.3337-0.0000875\ (t-25)$ (V)

1.0mol·L^{-1}KCl，$\varphi=0.2800-0.0000275\ (t-25)$ (V)

饱和 KCl，$\varphi=0.2415-0.0000761\ (t-25)$ (V)

(2) 银-氯化银标准电极电位与温度的关系

$\varphi_{AgCl/Ag}=0.2221-0.0006\ (t-25)$ (V)

(3) AgCl K_{sp}的文献值

见表 2-3。

表 2-3 AgCl K_{sp}的文献值

t/℃	4.7	9.7	25	50
K_{sp}	0.21×10^{-10}	0.37×10^{-10}	1.56×10^{-10}	13.2×10^{-10}

附件二 银-氯化银电极的制备

将银电极作正极接入线路中，以铂电极作为负极，见图 2-31，以 1mol·L^{-1} HCl 作为电镀液，在电流密度为 3～5mA/cm^2 下电镀 15min 即得到紫褐色的 Ag-AgCl 电极。这种电极不用时应浸在稀的 KCl 溶液中，保存在不透光处（为什么?）。

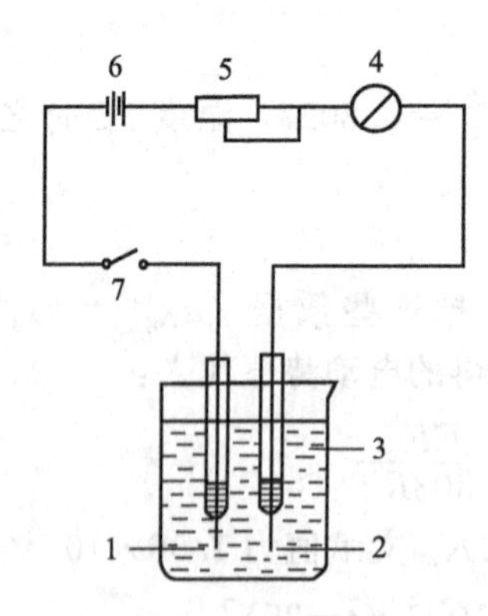

图 2-31 银-氯化银电极的制备示意图

1—铂电极；2—Ag-AgCl 电极；3—镀银液；4—0.5mA 毫安表；5—可变电阻；6—3V 电源；7—开关

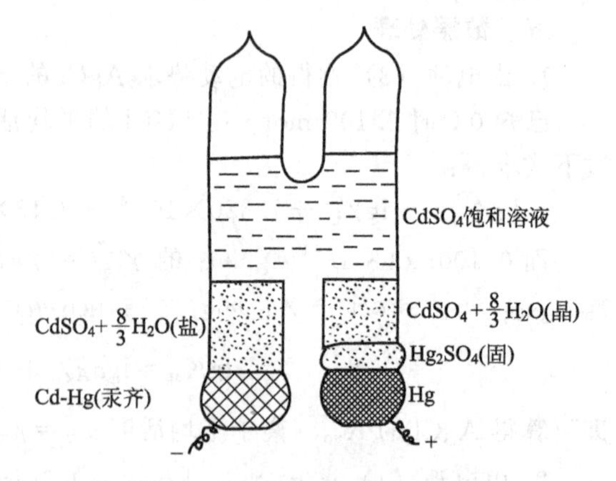

图 2-32 饱和标准电池结构图

附件三 标准电池

饱和标准电池结构图见图 2-32。

$Cd\text{-}Hg(12.5\%)|3CdSO_4 \cdot 8H_2O|CdSO_4|3CdSO_4 \cdot 8H_2O|Hg_2SO_4|Hg$

（汞齐）（盐）（饱和溶液）（结晶）（固体）（液体）

其反应式如下：

负极：Cd（汞齐）$\longrightarrow Cd^{2+}+2e^-$

正极：Hg_2SO_4（固体）$+2e^- \longrightarrow 2Hg$（液体）$+SO_4^{2-}$

反应：Cd(汞齐)＋Hg_2SO_4(固体)⟶$CdSO_4$(固体)＋2Hg(液体)

使用标准电池应注意：

① 温度应在10～40℃之间使用，太低太高均不适宜；

② 切勿将电池倒置、倾斜或摇动；

③ 正、负极不能接反；

④ 电池两极不能短路，不能用万用表去量其电动势，因为它只允许通过10^{-4}A电流。

⑤ 最好每年校正一次电动势。

其电动势与温度的关系如下：

在t℃时：$E_t=E_{20℃}-[39.94(t-20)+0.929(t-20)^2-0.0090(t-20)^3+0.00006(t-20)^4]\times10^{-6}$(V)

六、讨论

1. 连接线路时，切勿将标准电池、工作电池、待测电池的正、负极接错。

2. 检流计不用时一定要短路，在进行测量时，一定要顺次严格按照实验步骤8(在校正工作电流I_W时）和9(在测待测电池电动势时）操作，以免检流计的指针偏转过猛而打坏。另外，按检流计按钮的时间要短，不超过1s，以防止过多的电量通过标准电池或被测电池，造成严重的极化现象，破坏被测电池的电化学可逆状态。因为，当外电压大于电动势时，原电池相当于电解池，极化结果使电位增加；相反原电池放电极化，电位降低。这种极化结果都会使电极表面状态变化（此变化即使在断路后也难以复原），从而造成标准电池电动势不标准或待测电池电动势测定值不能恒定。

3. 在使用饱和甘汞电极时，电极内应充满饱和氯化钾溶液（溶液内有固体氯化钾存在）且不能有气泡。

4. 醌氢醌电极使用方便，但有一定的使用范围。当pH＞8.5时，氢醌会发生电离，改变了分子状态的浓度，对体系氧化还原电位产生很大影响，此外，氢醌氢在碱性溶液中容易被氧化，也会影响测定结果。绝不能在含有硼酸或硼酸盐的溶液中测定，因氢醌要与其生成络合物，在有其他强氧化剂或还原剂存在时亦不适用。

七、思考题

1. 为什么测电池电动势要用对消法？对消法的原理是什么？对消法测定电池电动势的装置中，工作电源（电池）、标准电池以及检流计各起什么作用？

2. 怎样计算标准电极电位？"标准"是指什么条件？

3. 测电池电动势为何要用盐桥？对作为盐桥用的电解质有什么要求？如何选择盐桥的电解质以适用不同的体系？在我们的实验中选用什么样的电解质作盐桥，为什么？

4. 如果用标准氢电极作为参比电极排成下列电池：

$$Ag|AgNO_3(a=1)\|H^+(a=1)|H_2(p^\ominus),Pt$$

测定银电极的电极电位，在实验中会出现什么现象？为什么？

5. 在测量电池电动势的过程中，若检流计光点总往一个方向偏转，可能是什么原因？

6. 在校正工作电流I_W时，为什么要将检流计开关旋钮K_2分别置于"粗"、"中"、"细"挡，再分别调可变电阻(即K_2置于"粗"，调R_{P1}、R_{P2}、R_{P3}使检流计指零，再将K_2置于"中"，调节R_{P1}、R_{P2}、R_{P3}使检流计再一次指零，最后将K_2置于"细"，调节R_{P1}、R_{P2}、R_{P3}使检流计指零，而且调可变电阻是按$R_{P1}\rightarrow R_{P2}\rightarrow R_{P3}$顺序。在测待测电池电动势时，操作步骤和顺序同上，只是用Ⅰ～Ⅴ五个测量旋钮代替R_{P1}、R_{P2}、R_{P3}三个可变电阻)？

7. 为什么实验前要根据实验条件算出待测电池的电动势，而且在测量时，要事先在五个测量旋钮上预置其数值？

8. Ag-AgCl 电极为何要临用时制备？电镀好的 Ag-AgCl 电极如何保存，为什么？

9. 作为参比电极应具备什么条件？怎样选择参比电极以适应不同的体系？

实验九　溶液表面吸附的测定

一、实验目的

1. 掌握一种测定表面张力的方法（最大气泡法）。通过气泡最大压力的测定，进一步了解气泡压力与半径及表面张力的关系。

2. 测定不同浓度的正丁醇水溶液的表面张力，根据 Gibbs（吉布斯）吸附等温式计算溶液表面吸附量以及饱和吸附时每个分子所占的表面面积。

3. 熟悉数字式微压差测量仪的使用。

二、基本原理

当液体中加入某种溶质时，液体的表面张力就会升高或降低，对同一溶质来说，表面张力变化多少随着溶液浓度不同而异。

Gibbs 在 1878 年，以热力学方法导出溶液中溶质表面吸附量 Γ 与溶质浓度变化和表面张力变化关系的吸附方程。对两组分的稀溶液而言：

$$\Gamma=-\frac{c}{RT}\frac{\mathrm{d}\sigma}{\mathrm{d}c} \tag{1}$$

式中，Γ 为单位面积表面上被吸附物质的物质过剩的量；c 为溶质浓度，$\mathrm{mol\cdot L^{-1}}$；σ 为表面张力，它的物理意义是在一定温度下，液体表面积增加 $1\mathrm{cm^2}$ 所需之功。当$\frac{\mathrm{d}\sigma}{\mathrm{d}c}<0$ 时，$\Gamma>0$，称之为正吸附，也就是增加溶质浓度时，溶液的表面张力降低而表面层溶质的浓度大于溶液本体的浓度。$\frac{\mathrm{d}\sigma}{\mathrm{d}c}>0$ 时，$\Gamma<0$，称之为负吸附，也就是增加溶质浓度时，溶液的表面张力增大而表面层溶质的浓度小于溶液本体的浓度。

溶于液体中使 σ 显著降低的物质称为表面活性物质，反之，称为非表面活性物质。在水溶液中，表面活性物质有显著的不对称结构，它是由极性（亲水）部分和非极性（憎水）部分构成的。在水溶液表面，一般极性部分取向溶液内部，而非极性部分则取向空气部分。

对于有机化合物来说，表面活性物质的极性部分一般为：$—NH_2$，—OH，—SH，—COOH，$—SO_3$ 等；而非极性部分则为碳氢基。表面活性物质分子在溶液表面的排列情况，随其在溶液中的浓度不同而异。图 2-33 所示表示分子在界面的排列，在浓度极小的情形下，物质分子平躺在溶液表面上，如图 2-33(a) 所示，浓度逐渐增加时，分子的排列如图 2-33 (b) 所示。最后，当浓度增加至一定程度时，被吸附的分子占据了所有的表面，形成饱和的吸附层，如图 2-33(c) 所示。

如果作出 $\sigma=f(c)$ 的等温曲线来，可以看出，在开始时 σ 随 c 之增加而下降很快，而以后的变化比较缓慢。根据曲线 $\sigma=f(c)$，可以通过作图法求出 $\Gamma=\phi(c)$ 的关系（见图 2-34）。在曲线上取一点 a，通过 a 点作曲线的切线和平行横坐标的直线，分别交纵轴于 b、b'。令 $bb'=Z$，则 $Z=-c\frac{\mathrm{d}\sigma}{\mathrm{d}c}$，而 $\Gamma=-\frac{c}{RT}\frac{\mathrm{d}\sigma}{\mathrm{d}c}$，所以 $\Gamma=-\frac{Z}{RT}$。取曲线上不同的点，就可得出不同 Z 值，从而得到 $\Gamma=\phi(c)$。

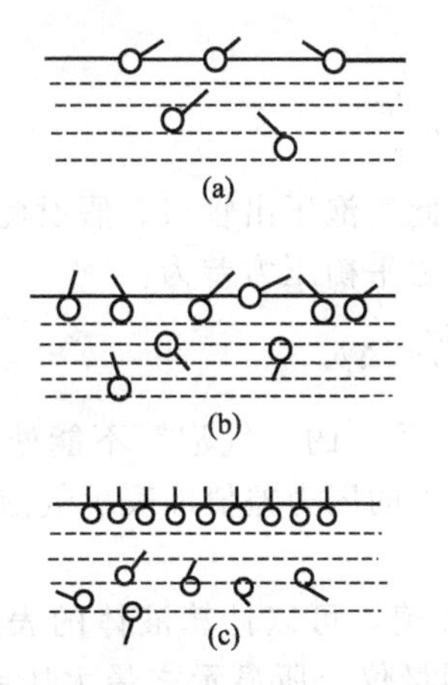

图 2-33　被吸附的分子在界面上的排列

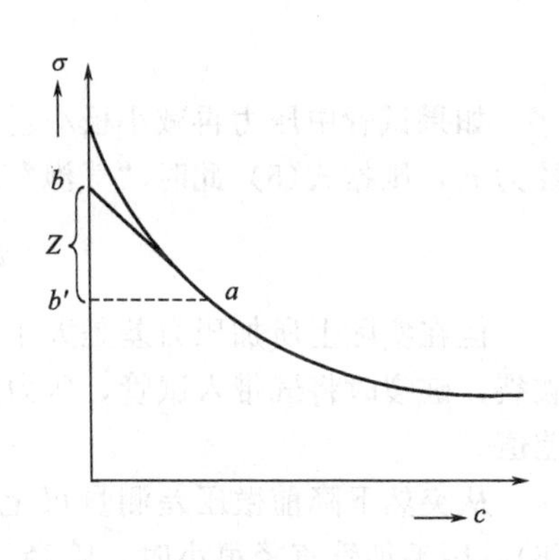

图 2-34　表面张力和浓度关系图

Langmuir 提出 Γ 与 c 的关系式：

$$\Gamma=\Gamma_{\infty}\frac{Kc}{1+Kc} \tag{2}$$

式中，Γ_{∞} 为饱和吸附值；K 为一常数。如果将此式两边取倒数可得：

$$\frac{c}{\Gamma}=\frac{c}{\Gamma_{\infty}}+\frac{1}{K\Gamma_{\infty}} \tag{3}$$

可见若作$\frac{c}{\Gamma}$-c 图，所得直线斜率的倒数即为 Γ_{∞}。

如果以 N 代表 1cm^2 表面上的分子数，则得 $N=\Gamma_{\infty}N_A$，N_A 为 Avogadro（阿佛加德罗）常数，每个分子在表面上所占的面积即为：

$$S=\frac{1}{\Gamma_{\infty}N_A} \tag{4}$$

本实验用气泡最大压力法测定表面张力。此法的简单原理如下：

设有一气泡，半径为 r，如图 2-35(a) 所示，其周围为液体，p_0 和 p 为平衡时气泡内外的压力，则：

$$\Delta p=p_0-p=\frac{2\sigma}{r} \tag{5}$$

式中，σ 为液-气表面张力。

图 2-35　气泡曲率半径与表面张力示意图

图 2-35(b) 所示为毛细管尖端在试管中液面上的情形。当抽气时试管中压力（p）逐渐减小，毛细管中大气压（p_0）就逐渐把管中液面压至管口，形成曲率半径最小（即等于毛

细管半径 r）的半球形气泡，这时压力差也最大：

$$\Delta p_r = p_0 - p = \frac{2\sigma}{r} \tag{6}$$

如果试管中压力再减小极小量，则大气压将把此气泡压出管口。假设此时“气泡”的半径为 r'，则据式(5) 此时“气泡”之表面膜能承受之平衡压力差为：

$$\Delta p'_r = p_0 - p' = \frac{2\sigma}{r'} < \Delta p_r \tag{7}$$

但在实际上所加压力差是大于 Δp_r 的，所以半径 r'的“气泡”不能处于平衡状态而将破裂，破裂时将气带入试管，压力差即下降，故最大的压力差值即表示气泡半径 r 时的压力差值。

从突然下降前微压差测量仪上显示的最大压差值，可以计算液体的表面张力，根据式(6)，因毛细管直径很小时，管径（r）及微压差测量仪上所显示之最大压差值（Δp）与液体的表面张力 σ 有如下关系：

$$\sigma = \frac{r}{2}\Delta p \tag{8}$$

对两种溶液的表面张力 σ_1 和 σ_2 以同一毛细管作测定时可得：

$$\sigma_1 = \frac{r}{2}\Delta p_1, \quad \sigma_2 = \frac{r}{2}\Delta p_2$$

即

$$\frac{\sigma_1}{\sigma_2} = \frac{\Delta p_{\max,1}}{\Delta p_{\max,2}}$$

$\Delta p_{\max,1}$及 $\Delta p_{\max,2}$为两次测量微压差测量仪上显示的最大压差值，因此得：

$$\sigma_1 = \sigma_2 \times \frac{\Delta p_{\max,1}}{\Delta p_{\max,2}} \tag{9}$$

如果以某已知表面张力的液体（如水）作为标准，则另一溶液的表面张力，可以通过测定 $\Delta p_{\max}$计算出来。即对同一根毛细管来说：

$$\sigma_1 = \frac{\sigma_2}{\Delta p_{\max,2}}\Delta p_{\max,1} = K\Delta p_{\max,1} \tag{10}$$

K 称为毛细管常数，可由实验数值 $\Delta p_{\max,2}$和已知的 σ_2 求得。

本实验的关键在于毛细管尖端的洁净，所以首先应洗净毛细管，通常先用温热的洗液洗，再分别用自来水及蒸馏水冲洗 2～3 次。标准液可以采用纯水（杂质对 σ 的影响很大）。控制下口玻璃瓶内水的流速，让气泡一个个均匀产生，一般每一气泡的形成时间不少于10～20s，为了避免读数误差，可读三次数据取其平均值。测定标准液体的压力差值后，再以同样方法测定八个不同浓度的正丁醇水溶液（$0.30\text{mol}\cdot\text{L}^{-1}$，$0.25\text{mol}\cdot\text{L}^{-1}$，$0.20\text{mol}\cdot\text{L}^{-1}$，$0.15\text{mol}\cdot\text{L}^{-1}$，$0.10\text{mol}\cdot\text{L}^{-1}$，$0.075\text{mol}\cdot\text{L}^{-1}$，$0.050\text{mol}\cdot\text{L}^{-1}$，$0.025\text{mol}\cdot\text{L}^{-1}$）的压力差值。每次测量前，必须用新的待测溶液洗涤毛细管内壁及试管 2～3 次，注意保护毛细管尖端勿使其碰损。

实验最好在恒温槽中进行。如没有恒温设备而在室温下测定时，需注意勿使温度有显著变化。

最大气泡压力法常用于测定多泡沫溶液和表面活性剂溶液的表面张力。又因为此法可设法遥控，故可用来测定不易接近的液体，如熔融金属的表面张力。

表面活性物质的许多作用都和表面张力的降低有着直接的关系，而分子在表面上的定向排列显著地影响着表面的许多性质，例如，它能使泡沫的机械强度变大，这一现象被广泛地应用在矿物的浮选过程中。

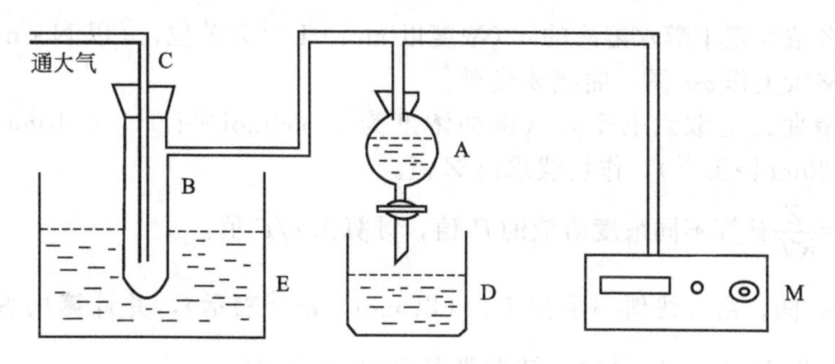

图 2-36 仪器装置图

A—液滴漏斗；B—表面张力仪；C—玻璃管（下端为毛细管）；D—塑料杯；
E—恒温槽；M—DMP-2B 型数字式微压差测量仪

本实验也可测定正丙醇、正戊醇等不同浓度的水溶液的表面张力，然后对比其实验结果。

三、仪器及试剂

恒温装置 1 套，表面张力仪 1 支，DMP-2B 型数字式微压差测量仪 1 台，抽气瓶 1 个，25mL 比重瓶 1 个，250mL 容量瓶 1 个，50mL 容量瓶 8 个，50mL 滴定管 1 支，正丁醇（A. R.）等。

四、实验步骤

1. 调节恒温槽在（25.0±0.1)℃。

2. 打开 DMP-2B 型数字式微压差测量仪电源，预热 15min。在体系通大气的条件下按下校零按钮，使面板显示值为 0000，将单位开关置于 kPa（或 mmHg）挡。

3. 配制 $0.5mol \cdot L^{-1}$ 正丁醇溶液 250mL（必须准确称量），即称正丁醇为：

$$\frac{74.12\times0.5\times250}{1000}=9.265\ (g)$$

在 250mL 容量瓶中用蒸馏水稀释至刻度。

4. 利用上述溶液，用容量瓶配制成下列浓度的溶液：$0.30mol \cdot L^{-1}$、$0.25mol \cdot L^{-1}$、$0.20mol \cdot L^{-1}$、$0.15mol \cdot L^{-1}$、$0.10mol \cdot L^{-1}$、$0.075mol \cdot L^{-1}$、$0.050mol \cdot L^{-1}$、$0.025mol \cdot L^{-1}$ 各 50mL。

5. 用洗液洗净毛细管及大试管，再用自来水和蒸馏水洗净，如图 2-36 装好仪器，检查是否漏气，如果不漏气可以进行下步实验。

6. 测定纯水的 Δp_{max}。往表面张力仪 B 中加入适量的纯水，调节毛细管刚好与液面接触，慢慢打开吸气瓶的放水活塞，使毛细管端逸出的气泡不连续为宜。一般在每分钟 5～10 个（最好控制在每分钟 3～6 个）左右，从 DMP-2B 型数字式微压差测量仪上读出 Δp_{max} 值，连续读三次，取其平均值。

7. 将水换成待测浓度的正丁醇水溶液，按照步骤⑥分别对不同浓度正丁醇溶液测定其 Δp_{max}。测定时不必烘干表面张力仪，只需用欲测溶液洗三次即可。不同溶液测定时要从稀到浓依次测定。

五、数据记录与处理

水的表面张力 σ 参见本书附录附表 18（注意：此表中 σ 的单位为 $N \cdot m^{-1}$）。

1. 数据记录

列表记录不同正丁醇浓度时压差数值以及纯水的压差值。

2. 数据处理

（1）求出各浓度正丁醇水溶液的σ（浓度以$mol \cdot L^{-1}$为单位，σ以$N \cdot m^{-1}$为单位）。

（2）在方格纸上作σ-c图，曲线要光滑。

（3）在光滑曲线上取六七个点（例如浓度为$0.050mol \cdot L^{-1}$，$0.10mol \cdot L^{-1}$，$0.15 mol \cdot L^{-1}$，$0.20mol \cdot L^{-1}$），作切线求出Z值。

（4）由$\Gamma=\frac{Z}{RT}$计算不同浓度溶液的Γ值，计算出c/Γ值。

（5）作$\frac{c}{\Gamma}$-c图，由直线斜率求出Γ_∞（以$mol \cdot m^{-2}$表示），并计算出S值（以$Å^2$表示，S的文献值为$27.4 \sim 28.9Å^2$），结果要求$S=24 \sim 32Å^2$。

六、讨论

1. 若毛细管口深入液面下h（cm），则造成气泡受到大气压和ρgh的静液压，如能准确测h值，则根据$\sigma=\frac{r}{2}\Delta p-\frac{r}{2}\rho gh=\frac{r}{2}(\Delta p-\rho gh)$来计算$\sigma$值，但若使毛细管口与液面相切，则$h=0$，消除了$\rho gh$项，但每次测定时总不可能使$h=0$，故单管式的表面张力仪总会引入一定的误差。有一种双管式的表面张力测定仪，用两半径不同的毛细管，细毛细管的半径r_1约为$0.005 \sim 0.01$cm，粗毛细管半径r_2约为$0.1 \sim 0.2$cm，同时插入液面下相同的深度，同法压入气体使在液面下生成气泡，由于管径不同，所需的最大压力也不相同，设粗、细两毛细管两者的压力差为Δp，则所测液体的表面张力可通过下式求得：

$$\sigma=A\Delta p(1+\frac{0.69r_2g\rho}{\Delta p})$$

式中，r_2为粗毛细管半径，可由读数显微镜直接测量；A为仪器的特性常数，可由已知其表面张力液体的压力差求得。有了这个常数能计算未知液的表面张力。这种仪器的优点是液面的高低对结果没有影响，其相对精密度可达0.1%，但对粗、细毛细管的孔径有一定的要求。

2. 如果室温和液温的变化不大，则不控制恒温对结果影响不大。如室温及液温的变化小于5℃。由此而引起的表面张力改变所导致的偏差不大于1%。

3. 液体表面张力的测定除最大气泡法外，还有：毛细管上升法；滴重法；环形法（即利用多脑氏表面张力仪）。其中以毛细管上升法最精确（精确度可达0.05%），因而常用来做等张比容测定以研究分子的结构。环形法精确度在1%以内，它的优点是测定快，用量少，计算简单，故对表面张力随时间而很快变化的胶体溶液特别适用，亦可以用来研究溶液表面温度的变化情况，如果利用适当的仪器并小心实验也可具有很好的精确度。其最大的缺点是控制温度困难，较易挥发的液体常因部分挥发而使温度较室温略低。

a. 毛细管上升法：如图2-37所示，将半径为R的毛细管垂直插入可润湿的液体中，由于表面张力的作用，使毛细管内液面上升。平衡时，上升液柱的重力与液体由于表面张力的作用所受到向上的拉力相等，即

$$2\pi R\sigma\cos\theta=\pi R^2\rho gh$$

若毛细管玻璃被液体完全润湿，即$\theta=0°$，则得

$$\sigma=\rho ghR/2 \tag{11}$$

b. 滴重法：使液体受重力作用从垂直安放的毛细管向下滴落，当液滴最大时，其半径即为毛细管半径R。此时，重力与表面张力相平衡，即

$$mg=2\pi R\sigma \tag{12}$$

由于液滴形状的变化及不完全滴落，故重力项还需要乘以校正系数F。F是毛细管半径R与液滴体积的函数，可在有关手册中查得。按此整理式(12)则得

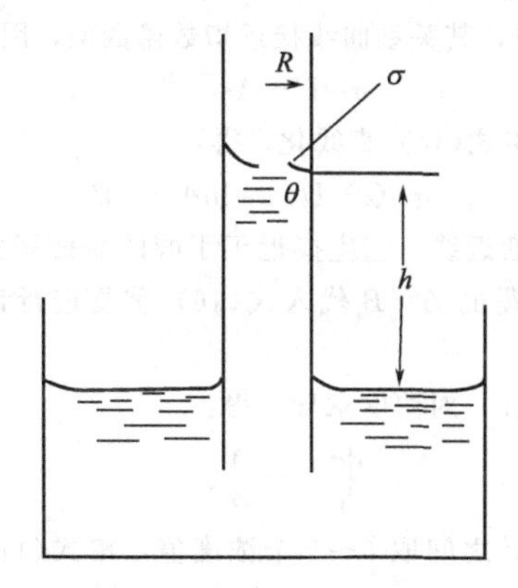

图 2-37　毛细管上升原理

$$\sigma = Fmg/R \tag{13}$$

式中，每滴液体的质量 m 可由称量而得。

若将液滴下落于另一液体之中，滴重法测求的即为液体之间的界面张力。

七、思考题

1. 用最大气泡法测定表面张力时为什么要取一标准物质？本实验若不用水作标准物质行不行？用水作标准物质有什么好处？

2. 本实验为什么要特别强调表面张力仪一定要洗干净，尤其表面张力仪的毛细管一定要洗干净，若没有洗干净，在实验操作中可能会出现什么现象？在实验中，为什么要按照由稀到浓的顺序进行？

3. 用最大气泡法测定表面张力时为什么要读取最大压力差？

4. 有哪些因素影响表面张力测定的结果？如何减少以至消除这些因素对实验的影响？

5. 滴液漏斗放水的速度过快对实验结果有没有影响？为什么？

6. 实验时，为什么毛细管要垂直且毛细管口应处于刚好接触溶液表面的位置？如插入一定深度将带来什么影响？

7. 在毛细管口所形成的气泡什么时候其曲率半径最小？毛细管半径太大或大小对实验将带来什么影响？

8. 本实验好坏的关键决定于哪些因素？为什么要求从毛细管中逸出的气泡必须均匀而间断？如何控制出泡速度？若出泡速度太快，或两三个一起出来对表面张力测定值影响如何？

9. 在本实验中 Γ-c 图形应该是怎样的？将实验结果算得的 S 值与理论值比较，讨论产生误差的主要原因。

附件

计算机处理数据程序

1. 实验原理

按吉布斯（Gibbs）吸附等温式：

$$\Gamma = -\frac{c}{RT}\frac{\mathrm{d}\sigma}{\mathrm{d}c} \tag{14}$$

求溶质在不同浓度 c 的表面吸附量 Γ 时，用作图法处理数据不仅费时，而且误差也较大。如果选择适当的数学模型，用计算机将实验数据拟合出 σ-c 关系式，再根据此关系式求若干浓度下的 $\mathrm{d}\sigma/\mathrm{d}c$ 值，将其代入式(14)，即可算出各浓度的相应吸附量。

正丁醇在水溶液表面产生正吸附，其关系曲线接近指数函数型，因此选用指数信号型函数式表示关系：

$$\sigma=U+Ae^{-c/B} \tag{15}$$

式中，U、A、B 为待定常数。将式(14) 直线化，得：

$$\ln(\sigma-U)=\ln A-c/B \tag{16}$$

显然，$\sigma=U$ 的水平线是曲线的渐近线，它应接近正丁醇的表面张力。最初可设 $U=0.037$，然后用实验数据按直线拟合求出 A、B。将所得的 A、B 代入式(16) 重复进行计算，直到相继两次 U 值之差小于 2.5×10^{-5} 为止。

关系式的常数确定之后，将式(15) 对浓度求导，得：

$$\frac{d\sigma}{dc}=-\frac{A}{B}e^{-\frac{c}{B}} \tag{17}$$

然后在 $c=0.025\sim0.30\text{mol}\cdot\text{L}^{-1}$ 之间取 6～9 个浓度值，按式(17) 求出相应的 $d\sigma/dc$ 值，再代入式(14) 即可算得相应的吸附量 Γ。

2. 方法与步骤

① 程序用 BASIC 语言编写，生成可执行文件“surface. exe”，在 Windows 环境下可直接运行。

② 运行“surface. exe”，根据计算机提示输入数据，如：“EW=　”，“HW=　”等（浓度值由小到大输入，同时最大压差与浓度 c 对应）。

③ 检查数据无误后可继续运行程序。根据打印结果绘出吸附等温线（Γ-c）。

程序中的说明：EW 为纯水表面张力，$\text{N}\cdot\text{m}^{-1}$；HW 为测得的纯水的最大压差，$\text{cmH}_2\text{O}$（$1\text{cmH}_2\text{O}=98\text{Pa}$，最大压差值 Δh 可由以 Pa 表示的压力换算得到：$\Delta h=\Delta p_m/\rho g$）；HZ 为测得的正丁醇溶液的最大压差，$\text{cmH}_2\text{O}$；EZ 为正丁醇溶液表面张力实测值，$\text{N}\cdot\text{m}^{-1}$；EZN 为正丁醇溶液表面张力拟合值，$\text{N}\cdot\text{m}^{-1}$；T 为实验温度，K；L 为正丁醇溶液表面吸附量，$\text{mol}\cdot\text{m}^{-2}$；K 为仪器常数，K=EW/HW。

程序清单如下：

```
DECLARE SUB HANDLEDATA ()
DECLARE SUB PRINTRESULT ()
DECLARE SUB INPUTDATA ()
Dim N As Integer
Dim U, T, A, B, A1, B1
CLS: N = 9: U = 0.037
Dim HZ(N), EZ(N), X(N), Y(N), UE(N), YY(N)
    On Error GoTo ERRORHANDLE
    Color 14, 0: LOCATE2 , 22: Print "物理化学实验-表面张力测定数据处理"
    Color 15, 0
Print
INPUTDATA
Do
    For I = 1 To N
      Y(I) = Log(EZ(I) - U)
    Next
    HADALEDATA
    A1 = Exp(A): B1 = -(1 / (B)): UX = 0
    For I = 1 To N
UE(1) = EZ(I) - A1 * Exp(-X(I) / B1)
UX = UX + UE(I)
Next
U1 = UX / N
LOCATE 20, 5: Print Space$(1); U; Space$(18); U1
If Abs(U1 - U) < 0.000025 Then
  PRINTRESULT
  Exit Do
```

```
End If
U = U1
  Loop
End
ERRORHANDLE:
  Print "error, press<ESC>to break!"
    Print Err
    kbd$ = ""
    While kbd$ = ""
      kbd$ = INKEY$
    Wend
    If kbd$ = Chr$(27) Then End
    Resume
    End

Sub HANDLEDATA()
    P = 10 ^ (38):O = -P:R = P:G = O
    For I = 1 To N
      C1 = C1 + X(I):C2 = C2 + Y(I):C3 = C3 + X(I) * Y(I):C4 = C4 + X(I) * X(I)
      If P > X(I) Then P = X(I)
      If P < X(I) Then O = X(I)
      If R > Y(I) Then R = Y(I)
      If G < Y(I) Then G = Y(I)
    Next
    LX = C4 - C1 * C1 / N:LY = C3 - C1 * C2 / N:B = LY / LY
    A = (C2 - B * C1) / N:S = B:I = A:Y1 = A + B * X1
    For I = 1 To N
      YY(I) = A + B * X(I)
      YY(I) = (Y(I) - YY(I)) ^ 2
      O = O + YY(I)
    Next
    End Sub

Sub INPUTDATA()
    Do
      LOCATE4,10:INPUT"纯水的表面张力";EW
      If EW > 69 And EW < 74 Then
      EW = EW / 100
      Exit Do
    ELSE IF EW>0.069 AND EW<0.074 THEN:Exit Do
    End If
Loop

    LACATE5,10:INPUT"纯水的最大压差";HW
    LACATE6,10:INPUT"实验温度";T
    K = EW / (HW * 10 ^ -2)
    LOCATE6,10:INPUT"下面开始输入实验数据"
    Print "正丁醇溶液的最大压差:"
    For I = 1 To N
      Print "第"; I; "组";
      INPUT HZ(I)
      EZ(I) = (K * HZ(I) * 10 ^ -2)
```

```
    Next

    Print
    LOCATE 9,41:Print "正丁醇溶液的浓度:"
    For I = 1 To N
    LOCATE 9 + I,41:Print "第"; I; "组";
      INPUT X(I)
    Next
      End Sub

    Sub PRINTRESULT()
      Dim X1(N),L(N),Y1(N),K(N),L1(N)
      Z = 0
      For J = 1 To 17 Step 2
      Z = Z + 1
      X1(Z) = J / 100
    Next
    For I = 1 To N
      Y1(I) = (A1 * Exp(-X(I) / B1) + U) * 10 ^ 2
      L(I) = X1(I) / 8.314 / T * (A1 / B1) * Exp(-X(I) / B1)
    Next
      For I = 1 To N
      K(I) = Int(EZ(I) * 10 ^ 2 * 1000 + 0.5) / 1000
      K1(I) = Int(Y1(I) * 1000 + 0.5) / 1000
      L(I) = L(I) * 10 ^ 6
      L1(I) = Int(L(I) * 1000 + 0.5) / 1000
    Next
    A1 = Int(A1 * 100000 + 0.5) / 100000
    B1 = Int(B1 * 100000 + 0.5) / 100000
    U = Int(U * 100000 + 0.5) / 100000
    INPUT"输入你的姓名:";A$
    PINGT
    PINGT
    DAT$ = ROGHT$(Date&,4) + "," + Left$(Date$,2) + "," + Mid$(Date$,4,2)

    CLS
    Print
    Print
    Print Space$(4); A$; Space$(36); DAT$
    Print
    Print Space$(7); "A="; A1
    Print Space$(7); "B="; B1
    Print Space$(7); "U="; U
Print
    Print Tab(4); "浓度"; Tab(12); "表面张力"; Tab(24); "拟合值"; Tab(34); "浓度"';TAB(42);"表
面吸附量"
    For I = 1 To N
Print Tab(3); X(I); Tab(12); K(I); Tab(23); K1(I); Tab(43); L1(I)
    Next
    'LPRINT
    'LPRINT
End Sub
```

实验十　蔗糖水解速率常数的测定

一、实验目的

1. 测定蔗糖转化的反应速度常数、半衰期及活化能。

2. 了解该反应的反应物浓度与旋光度之间的关系。

3. 了解旋光仪构造的基本原理，掌握旋光仪的正确使用方法和操作技术。

二、基本原理

许多物质具有旋光性，一般可以分成两类：第一类是由于晶体结构所致，如石英、溴酸钾晶体等，当这类物质熔融时，由于晶格破坏，就会失去旋光性；第二类物质是由于具有手性分子的结构所致，这一类物质溶解或熔融时仍保留其旋光性，如蔗糖、葡萄糖、果糖、酒石酸等。当一束偏振光线通过旋光性物质时，它们可以把偏振光的振动面(即偏振光的振动方向所在的平面，这个平面与光的传播方向垂直）旋转某一角度，向右旋者为右旋物质，向左旋者为左旋物质。

1. 旋光物质比旋光度的测定

物质的旋光度除了取决于物质本性以外，还与测定时的温度、光线经过物质的厚度以及光源的波长有关。若被测物质是溶液，当波长、温度恒定时，其旋光度 α 正比于溶液的浓度和厚度。当溶液浓度与厚度一定时，则该物质的旋光度为一定值。我们把偏振光通过厚度为 1dm（10cm)、浓度为 $1\text{g}\cdot\text{mL}^{-1}$ 旋光物质溶液的旋光度称为比旋光度，以〈α〉表示之，即

$$\langle\alpha\rangle=\frac{\alpha}{LA} \tag{1}$$

式中，L 为厚度，dm；A 为每毫升溶液所含溶质的克数。如溶液的浓度以每 100mL 溶液中所含溶质的克数（c）来表示，那上式还可写成

$$\langle\alpha\rangle=\frac{100\alpha}{Lc} \tag{2}$$

所以比旋光度是度量物质旋光能力的一个常数。

旋光度的测定可以用来辅助决定化合物的结构，也可以测定溶液的浓度，以及用来鉴定糖类、氨基酸、生物碱和其他天然产物。各种旋光物质的比旋光度可以从手册上查出，如蔗糖 $\langle\alpha\rangle_{\text{D}}^{20}=66.37°$（右上角的 20 代表温度为 20℃，右下角的 D 代表所用光源为钠光 D 线，波长为 589.3nm。)

2. 根据实验确定反应 A+B ⟶ C 的速率公式为

$$\frac{\text{d}c}{\text{d}t}=k'\ (a-x)\ (b-x) \tag{3}$$

式中，a、b 表示 A、B 的起始浓度；x 表示时间 t 时生成物的浓度；k' 表示反应速率常数。

这是一个二级反应。但若起始时两种物质的浓度相差很远，$b>a$，在反应过程中的浓度减小很小，可视为常数，上式可写成

$$\frac{\text{d}x}{\text{d}t}=k\ (a-x) \tag{4}$$

此为一级反应。

把式(4) 移项积分

$$\int_0^x\frac{\text{d}x}{a-x}=\int_0^t k\text{d}t$$

得
$$k=\frac{2.303}{t}\lg\frac{a}{a-x} \tag{5}$$

或
$$\int_{x_1}^{x_2}\frac{dx}{a-x}=\int_{t_1}^{t_2}k\,dt$$

得
$$k=\frac{2.303}{t_2-t_1}\lg\frac{a-x_1}{a-x_2} \tag{6}$$

蔗糖的水解反应就属于此类反应，即

$$\underset{\text{蔗糖}}{C_{12}H_{22}H_{11}}+H_2O \longrightarrow \underset{\text{葡萄糖}}{C_6H_{12}O_6}+\underset{\text{果糖}}{C_6H_{12}O_6}$$

其反应速率和蔗糖、水以及作为催化剂的氢离子浓度有关，水在这里作为溶剂，其量远大于蔗糖，可看作常数（对100g、20％的蔗糖水溶液而言，含蔗糖为20/342＝0.06mol，含水80/18＝4.44mol，由上述反应式知道，当0.06mol蔗糖全部水解后，水仍有4.38mol，所以相对而言水的量可看作不变）。所以反应可看作一级反应。当温度及氢离子浓度为定值时，反应的速率常数为定值。

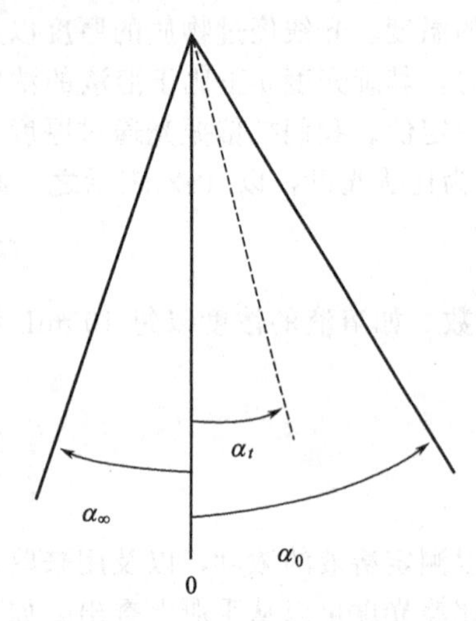

图2-38　蔗糖水解过程中旋光度的变化

在实验中，把一定浓度的蔗糖溶液与一定浓度的盐酸溶液等体积混合，用旋光仪测定旋光度随时间的变化关系，然后推算蔗糖的水解程度。因为蔗糖具有右旋光性 $\langle\alpha\rangle_D^{20}=66.37°$，而水解产生的葡萄糖为右旋光性物质 $\langle\alpha\rangle_D^{20}=52.7°$，果糖为左旋光性物质 $\langle\alpha\rangle_D^{20}=-92°$。由于果糖的左旋性比葡萄糖大，故反应进行时，右旋数值逐渐减少，最后变成左旋，因此蔗糖的水解作用又称为转化作用。如图2-38所示，α_0 为开始时蔗糖的右旋光度，α_∞ 为水解完毕后的左旋光度，α_t 为反应进行 t 时间以后的旋光度。

因为蔗糖、葡萄糖和果糖都是旋光性物质，所以可用反应液旋光度的变化来代替蔗糖浓度的变化。如前所述，在一定温度下，对于一定波长的光源和一定长度的试样管，旋光性物质溶液的旋光度 α 与溶液的浓度成正比：

$$\alpha=kc \tag{7}$$

对于由两种或几种旋光性物质组成的混合溶液，其旋光度则是各物质旋光度之和：

$$\alpha=k_1c_1+k_2c_2+\cdots \tag{8}$$

在蔗糖转化反应中，显然当反应开始（$t=0$）时，反应液的旋光度 α_0 与反应物蔗糖的初浓度 c_0 成正比：

$$\alpha_0=k_{\text{蔗}}\,c_0 \tag{9}$$

当反应时间为 t 时，蔗糖的浓度为 c，而葡萄糖、果糖的浓度均为 c_0-c。根据式(8)，此时反应液的旋光度应为：

$$\alpha_t=k_{\text{蔗}}c+k_{\text{葡}}(c_0-c)+k_{\text{果}}(c_0-c) \tag{10}$$

当 $t=\infty$ 时，蔗糖转化完毕，此时反应液的旋光度 α_∞ 应与浓度为 c_0 的葡萄糖和果糖溶液相对应，即

$$\alpha_\infty = k_{葡} c_0 + k_{果} c_0 \tag{11}$$

联立以上不同时间的 α 表达式，解之可得

$$c_0 = \frac{1}{k_{蔗} - k_{葡} - k_{果}} (\alpha - \alpha_\infty) \tag{12}$$

$$c = \frac{1}{k_{蔗} - k_{葡} - k_{果}} (\alpha_t - \alpha_\infty) \tag{13}$$

将式(12) 和式(13) 代入式 $\ln c = \ln c_0 - kt$ 中得

$$\ln(\alpha_t - \alpha_\infty) = \ln(\alpha_0 - \alpha_\infty) - k_{蔗} t$$

由此可知，以 $\ln(\alpha_t - \alpha_\infty)$ 对 t 作图应为一直线，由其斜率即可求得表观反应速率常数 $k_{蔗}$。由于果糖的左旋性比葡萄糖的右旋性大，所以在反应过程中溶液的右旋角度不断减小，而当反应完毕后溶液呈左旋性。应用上式时，左旋的角度应给予负号，因为它与 α_0 的方向相反。

正如本实验实验目的所要求的那样，旋光度的测定可用于测定反应速率常数和化学反应动力学的研究。如测出不同温度的 k，利用 Arrhenius 公式可求出该反应温度范围的平均活化能。

$$\frac{\mathrm{d}\ln k}{\mathrm{d}T} = \frac{E_a}{RT^2}$$

三、仪器及试剂

旋光仪及其附件 1 套，移液管（25mL，胖肚）1 支，超级恒温槽 1 套，移液管（25mL，刻度）2 支，停表 1 套，烧杯（100mL）1 只，锥形磨口瓶 1 只，洗瓶 1 只，容量瓶 1 只，洗耳球 1 个，台秤 1 架；蔗糖化学纯，盐酸（$3.0\text{mol} \cdot \text{L}^{-1}$）。

四、实验步骤

1. 将恒温槽控制在（25.0±0.1)℃或（35.0±0.1)℃，将蒸馏水、盐酸溶液放在 25.0℃或 35.0℃的恒温水浴中恒温（整个大组一半同学做 25℃，另一半同学做 35℃）。

2. 了解旋光仪的构造和掌握旋光仪的使用。特别注意切勿将钠光灯直接接上 220V 电源，以免烧坏灯泡。旋光仪的构造、原理及使用请参见本书附录光学测量技术。

3. 测仪器零点。蒸馏水为非旋光物质，可以用它找出仪器的零点（$\alpha=0°$时仪器对应的刻度）。把旋光管一端的管盖旋开（注意盖内玻片以防跌碎）洗净旋光仪的样品管，封闭一端从另一端充满蒸馏水。盖上玻璃片，管中不应有空气泡存在，为此目的加水时应使液体形成凸面，然后从旁边推旋玻璃片，盖住旋光管，旋紧套盖，使玻璃片紧贴于旋光管之上勿使漏水，用滤纸将旋光管外部擦干，玻璃片用软纸擦净，不能有水珠。把样品管放入旋光仪内，打开光源，预热数分钟光源正常后，旋转检偏镜，使在视野中看到的三部分明暗相等为止(为了看得更清楚，有时需调节目镜的焦距使视域清晰)。记下检偏镜之旋角 α，重复数次，取其平均值，此值即为仪器的零点。读数时，整数在主尺上读取，小数在游标上读取。游标有 10 进位的，有 60 进位的。60 进位的应换算成 10 进位的。左旋按正常读数减 180°即为负值。

4. 配制溶液。用粗天平称取 10g 蔗糖放在小烧杯中，加 25mL 蒸馏水水解（若溶液不

清，应过滤一次）。将此溶液倒入 50mL 容量瓶中，用蒸馏水稀释至刻度。

5. 旋光度的测定。从上述配制的蔗糖溶液中取 20mL 放入带磨口的锥形瓶中（将容量瓶中剩余的蔗糖溶液置于另一带磨口的锥形瓶中，加入等体积的 $3mol \cdot L^{-1}$ HCl 溶液，混合均匀并将其置于温度恒温在 50℃ 的恒温槽中反应，以备测 α_∞ 之用），加等体积的 $3mol \cdot L^{-1}$ HCl 溶液混合均匀，当加入一半体积盐酸溶液时，作为起始反应时间，用少量蔗糖和 HCl 的混合溶液荡洗旋光管，然后将余下溶液装入旋光管中接上恒温水进行恒温，恒温 10min 后，按步骤 3 中相同方法测定不同时间 t 时的旋光度 α_t，因 α_t 随时间不断变化，故读取旋光度要熟练迅速，读取旋光度后要立即记下当时的时间 t。开始时，每隔 3～5min 读一次读数，以后反应物浓度降低变化较慢，测量时间间隔可适当延长，直到旋光度由右旋变为左旋为止，时间约为 1.5～2h，在测定旋光度时，为避免刻度盘的偏心不匀，最好同时读取左、右两游标窗的读数，取其平均值。

6. α_∞ 的测定。反应物放置 48h 后，在相同实验温度测定其旋光度即为 α_∞，也可以将溶液放在 50℃ 的水浴中加热 1～2h 后冷却至实验温度测定 α_∞。在本实验中取出上述在 50℃ 下已经反应完全的反应液，装入样品管，待恒定到实验温度时测定其旋光度。实验结束后将旋光管洗净干燥，防止酸对旋光管的腐蚀。

五、数据记录与处理

1. 数据记录

记录 α_∞ 数值以及不同时刻 α_t 数值并列成表。

2. 数据处理。

（1）计算出不同时刻 t 时的（$\alpha_t - \alpha_\infty$）和 $\lg(\alpha_t - \alpha_\infty)$ 的值且列成表。

（2）以 $\lg(\alpha_t - \alpha_\infty)$ 对 t 作图求出其直线斜率，并求出反应速率常数 k，再求出其半衰期。要求 k（298.2K）＝（11±1）$\times 10^{-3} min^{-1}$。

（3）由不同温度下的 k 计算反应的活化能 E_a。

六、讨论

1. 蔗糖在配制溶液前，需先经 380K 烘干。

2. 在进行蔗糖水解速率常数测定以前，要熟练掌握旋光仪的使用，能正确而迅速地读出其读数。

3. 旋光管管盖只要旋至不漏水即可，旋得过紧会造成损坏，或因玻片受力产生应力而致使有一定的假旋光。

4. 旋光管中的钠光灯不宜长时间开启，测量间隔较长时，应熄灭，以免损坏。

5. 比旋光度亦与溶液浓度、温度以及入射光的波长有关，对于蔗糖溶液而言：

$\langle\alpha\rangle_D^T = \langle\alpha\rangle_D^{20}[1-0.00037(T-20)]$ 适用范围 $T=14$～30℃

$\langle\alpha\rangle_D^{20} = 66.412+0.01267d-0.00376d^2$ 适用范围 $d=0$～50，d 为每 100mL 溶液中蔗糖的克数

摘自《Handbook of Chemistry and physics》58th. Ed. E248。

6. 蔗糖溶液与盐酸混合后，由于开始时蔗糖水解较快，若立即测定容易引入误差，所以第一次读数需待旋光管放入旋光仪中恒温约 15min 后进行，以减少测量误差。

7. 蔗糖水解作用通常进行得很慢，但加入酸后会加速反应，其速率的大小与［H^+］浓度有关（当［H^+］浓度较低时，水解速率常数 k 正比于［H^+］浓度，但在［H^+］浓度较高时，k 和［H^+］浓度不成比例）。同一浓度的不同酸液（如 HCl、HNO_3、H_2SO_4、HAc、$ClCH_2COOH$ 等）因 H^+ 离子活度不同，其水解速率亦不一样，故由水解速率比可

求出两酸中 H^+ 离子活度比，如果知道其中一个活度，则可以求得另一个活度。

温度与盐酸浓度对蔗糖水解速率常数的影响见表 2-4（蔗糖溶液的含量均为 20%）。

表 2-4　温度与盐酸浓度对蔗糖水解速率常数的影响

盐酸浓度/$mol \cdot L^{-1}$	$k(298.2K)\times10^3$	$k(308.2K)\times10^3$	$k(318.2K)\times10^3$
0.0502	0.4169	1.738	6.213
0.2512	2.255	9.355	35.86
0.4137	4.403	17.00	60.62
0.9000	11.16	46.76	148.8
1.214	17.455	75.97	

注：摘自《J. C. S》107，233（1915）。

8. 为求一级反应的速率常数 k，若没有反应结束的相应浓度或物理量(如 α_∞)，可采用 Guggenheim 的固定时间间隔的方法处理。即合理地选择反应时间为 t_1、t_2、t_3、…，然后在此时间上加上相同的时间间隔 Δt，即为 $t_1+\Delta t$、$t_2+\Delta t$、$t_3+\Delta t$、…，再利用其相应的浓度（或物理量，如本实验中的 α_t）即可求得 k。具体计算如下：

设在 t_i 时

$$c_i = c_0^{-kt_i}$$

在 $t_i+\Delta t$

$$c_i' = c_0^{-k(t_i+\Delta t)}$$

两式相减，则

$$c_i - c_i' = c_0 e^{-kt_i}\ (1-e^{-k\Delta t})$$

$$\ln(c_i - c_i') = -kt_i + \ln[c_0(1-e^{-k\Delta t})]$$

以 $\ln(c_i-c_i')$ 对 t_i 作图，斜率即为 $-k$ 值。在上式中，也可直接用旋光度 α 代替 c。

应该指出，若时间间隔 Δt 值取得太小，会导致实验结果的误差较大。一般以取反应完成时间一半为宜。此外，这个方法的困难是必须使 Δt 为一定值，这通常不易直接求得，而需从 t-c 图上求出，因而又多了一步计算手续。

9. 本实验的目的是测定水解反应速率常数，所需旋光度值为旋光度的变量($\alpha_t-\alpha_\infty$)，而不是某时刻溶液的旋光度值，故不需对旋光仪进行零点校正。但要求初学者做校正练习。

10. 在数据处理中，用作图法求取直线斜率所算得的 k 及 E_a 值，由于作图者的观察带有一定的任意性，所得结果误差较大。在精密工作中，应用最小二乘法求取斜率。

11. 根据蔗糖水解的速率常数 $k=\dfrac{1}{t}\ln\dfrac{\alpha_0-\alpha_\infty}{\alpha_t-\alpha_\infty}$ 的相对误差分析可得：

$$\frac{\Delta k}{k}=\frac{\Delta t}{t}+\frac{2\Delta\alpha}{(\alpha_0-\alpha_\infty)\ \ln\dfrac{\alpha_0-\alpha_\infty}{\alpha_t-\alpha_\infty}}+\frac{2\Delta\alpha}{(\alpha_t-\alpha_\infty)\ \ln\dfrac{\alpha_0-\alpha_\infty}{\alpha_t-\alpha_\infty}}$$

在反应初期，由于 t 值小，故时间测定的相对误差较大。随着反应的进行，α_t 的数值不断减小，使 $\alpha_t-\alpha_\infty$ 也不断减小，故由旋光度测定的相对误差就增大。

七、思考题

1. 旋光仪的零度视场的含义是什么？测定旋光度时旋转旋光仪上的刻度盘，实际上是在旋转什么部件？

2. 本实验何时读取第一个读数为好？为什么？为什么实验测定的时间间隔随着反应的进行可以适当延长？

3. 蔗糖的转化速率常数 k 和哪些因素有关？

4. 在测量蔗糖转化速率常数时，选用长的旋光管好？还是短的旋光管好？

5. 如何根据蔗糖、葡萄糖和果糖的比旋光度数据计算 α_∞。

6. 如何判断某一旋光物质是左旋还是右旋？

7. 为什么配蔗糖溶液可用粗天平称量？

8. 一级反应的特点是什么？

9. 已知蔗糖的 $\langle\alpha\rangle_{D}^{20}=66.37°$，设光源为钠光 D 线，旋光管长为 20cm。试估算你所配的蔗糖和盐酸混合液的最初旋光角度。

10. 测定 α_t 和 α_∞ 是否要用同一根样品管？为什么？

11. 测定 α_∞ 时，把反应液置于温度恒定在 50℃的水浴中 2h 以完成水解反应。试问温度能否超过 50℃？何故？

12. 试估计本实验误差，怎样减小实验误差？

附件：数字式旋光仪见图 2-39。

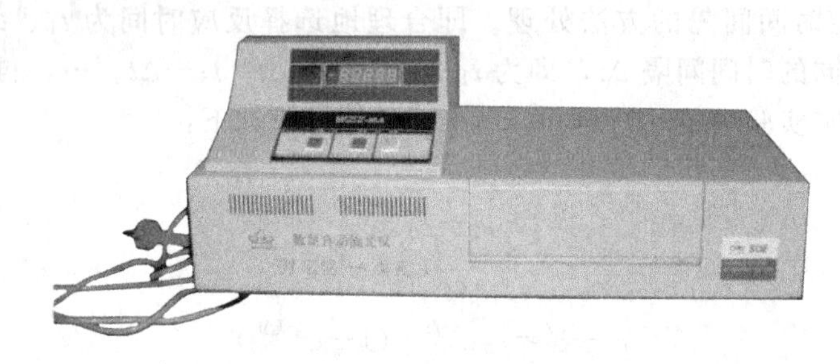

图 2-39　数字式旋光仪

实验十一　乙酸乙酯皂化反应速率常数的测定

一、实验目的

1. 通过实验掌握测量电导率原理和电导率仪的使用方法。

2. 用电导率仪测定乙酸乙酯皂化反应进程中的电导率的变化，从而计算出其反应速率常数。

3. 测定两个不同温度下乙酸乙酯的皂化反应速率常数，求其反应活化能。

二、基本原理

乙酸乙酯的皂化反应是二级的，反应式为：

$$CH_3COOC_2H_5+OH^- \longrightarrow CH_3COO^- +C_2H_5OH$$

设在时间 t 时生成物的浓度为 x，则该反应的动力学方程式为：

$$\frac{dx}{dt}=k(a-x)(b-x) \tag{1}$$

式中，a、b 分别为乙酸乙酯和碱（NaOH）的起始浓度；k 为反应的速率常数。若 $a=b$，则式（1）变为：

$$\frac{dx}{dt}=k(a-x)^2 \tag{2}$$

积分式(2) 得：

$$k=\frac{1}{t}\frac{x}{a(a-x)} \tag{3}$$

由实验测得不同 t 时的 x 值，则可依式(3) 计算出不同 t 时的 k 值。如果 k 值为常数，就可证明反应是二级的。通常是用$\frac{x}{a-x}$对t作图，若所得的是直线，也就证明是二级反应，并可以从直线的斜率求出k值。

不同时间下生成物的浓度可用化学分析法测定(例如分析反应液中的OH^-浓度)，也可以用物理化学分析法测定(如测量电导率)，本实验用电导率法测定。

用电导率法测定x的根据是：

① 溶液中OH^-的电导率比Ac^-（即CH_3COO^-）的电导率大得多（即反应物与生成物的电导率差别大)。因此，随着反应的进行，OH^-的浓度不断减小，溶液的电导率也就随着下降。

② 在稀溶液中，每种强电解质的电导率χ与其浓度成正比，而且溶液的总电导率就等于溶液中各种电解质的电导率之和。

依据上述两点，对乙酸乙酯皂化反应来说，反应物与生成物只有 NaOH 和 NaAc 是强电解质。如果是在稀溶液下反应，则

$$\chi_0=A_1a$$

$$\chi_\infty=A_2a$$

$$\chi_t=A_1(a-x)+A_2x$$

式中，A_1、A_2是与温度、溶剂、电解质 NaOH 及 NaAc 的性质有关的比例常数；χ_0、χ_∞分别为反应开始和终了时溶液的总电导率(注意这时只有一种电解质)。χ_t为时间t时溶液的总电导率。由这三式可得到：

$$x=\frac{\chi_0-\chi_t}{\chi_0-\chi_\infty}a \tag{4}$$

若乙酸乙酯与 NaOH 的起始浓度相等，将式(4) 代入式(3) 即得：

$$k=\frac{1}{ta}\left(\frac{\chi_0-\chi_t}{\chi_t-\chi_\infty}\right) \tag{5}$$

整理式(5) 得：

$$\chi_t=\frac{1}{ka}\frac{\chi_0-\chi_t}{t}+\chi_\infty \tag{6}$$

据此，以χ_t对$\frac{\chi_0-\chi_t}{t}$作图，可得一条直线。从其斜率$\frac{1}{ka}$即可求出反应速率常数k。从其截距可求出χ_∞。

反应速率常数k与温度T（K）的关系一般符合阿累尼乌斯方程，即：

$$\frac{\mathrm{d}\ln k}{\mathrm{d}T}=\frac{E_a}{RT^2} \tag{7}$$

或用积分式：

$$\lg k=-\frac{E_a}{2.303RT}+C \tag{8}$$

式中，C为积分常数：E_a为反应的表观活化能。显然，在不同的温度下测定速率常数k，作出$\lg k$对$1/T$图应得一直线，由直线的斜率就可算出E_a的值。

决定一化工产品产量的主要因素有二：一是平衡常数；二是反应速率。因此测定反应速率常数具有重大的实际意义。尤其在有机化学中平行反应很多，在测定了各反应的k值后，便可知哪一反应为主反应，哪一反应为副反应，并可由此进一步研究如何抑制副反应，从而获得更大量的所需产品。

三、仪器及试剂

DDS-11A 型电导率仪 1 台，恒温槽一套，停表 1 只，10mL 移液管 2 支，250mL 容量

瓶 1 只，Y 形电导管 1 只，电导池管 1 只；0.0400mol・L^{-1}NaOH 标准溶液（无 Na_2CO_3、NaCl 等杂质)，乙酸乙酯（A.R.)。

四、实验步骤

1. 了解和熟悉 DDS-11A 型电导率仪的构造和使用注意事项（见附录电学测量技术）。

2. 调节恒温槽在（25.0±0.1)℃或（35.0±0.1)℃（一部分同学做 25℃，另一部分同学做 35℃)。

3. 配制浓度约为 0.0400mol・L^{-1} 的 NaOH 标准溶液(此溶液实验室已经配好)，配制同 NaOH 相同浓度的乙酸乙酯溶液 250ml，配法如下（设 NaOH 的浓度为 c)：

用称量瓶称取乙酸乙酯$=\frac{250\times c\times 88.1}{1000}=22.0275c$ (g)，放入 250ml 容量瓶中然后用蒸馏水稀释至刻度。

4. χ_0 的测定。DDS-11A 型电导率仪面板如图 2-40 所示。调节电导率仪上表头螺丝，使表针指零。将校正/测量开关 K_2 拨向“校正”位置。接好电源线，打开电源开关，并预热数分钟，待指针完全稳定下来调节校正调节器 RW_3 使表针刚好指向满刻度。将高周/低周开关 K_3 拨向“高周”，取浓度约为 0.04mol・L^{-1}NaOH 和已除去 CO_2 的蒸馏水各 10mL 放入干净、干燥的电导池管中，插入带橡皮塞的电导电极，固定在恒温槽中，恒温 5～10min。与此同时将电极插头插入电极插口 KX 中，旋紧螺丝，将电极常数调节器 RW_2 调在与电导电极上所标定的电极常数相对应的位置上，把电导电极的另一端放入待测液中。将量程选择开关 R_1 调到最大位置，K_2 拨向测量挡，从大到小调节 R_1，使指针接近满刻度为宜(量程一经选定，整个实验过程中不应变动)，待温度恒定后再将 K_2 拨向“校正”位置，调节 RW_3，使表针指向满刻度。然后将 K_2 拨向“测量”位置，此时表头上的读数乘以量程选择旋钮 R_1 上的倍率即为所要测的 χ_0。测好 χ_0 后将电导电极取出，放入蒸馏水中，电导管上塞上橡皮塞（为什么?）保存好，待全部实验做完后，再测一次 χ_0。

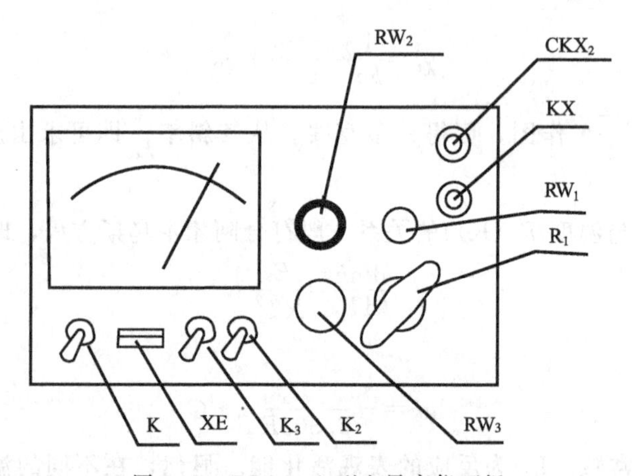

图 2-40　DDS-11A 型电导率仪面板

K—电源开关；K_3—高周/低周开关；K_2—校正/测量开关；RW_3—校正调节器；RW_2—电极常数调节器；R_1—量程选择开关；RW_1—电容补偿器；KX—电极插口；CKX_2—10mV 输出插口；XE—氖灯

5. 测 χ_t。取 10mL、浓度约为 0.0400mol・L^{-1}的 NaOH 放入 Y 形电导管(如图 2-41 所示）的 a 管中，再取与 NaOH 同体积同浓度的乙酸乙酯溶液放入 b 管中，并塞好橡皮塞(为什么?）固定在恒温槽中恒温 10min(注意，千万勿使 a、b 两管中溶液混合)，在恒温的同时，将电导电极从蒸馏水中取出，再用蒸馏水淋洗（淋洗时，不要将洗瓶直接对着铂黑电极冲洗，以免改变电导电极常数)，然后用滤纸吸干电导电极上的蒸馏水（千万勿使滤纸碰到铂黑电极上的铂黑，以免铂黑脱落，改变了电导电极常数）。放入Y形电导管的直（a）管中，待温度恒定后，在恒温的情况下，混合两溶液（来回多混合几次）。同时开启秒表，记录反应时间（注意，秒表一经开启，切勿停止，直到实验结束），准备测量 χ_t（因该反应为吸热反应，混合后开始几分钟内测得的电导率可能会偏低）。分别于反应开始后 6min、9min、12min、15min、20min、25min、30min、35min、40min、50min、60min 各测电导率一次，记录电导率 χ_t 及相应的时间（做反应温度为 35℃的同学，其测量时间是分别于反应开始后的 4min、6min、8min、10min、12min、15min、18min、21min、24min、27min、30min、35min、40min 各测电导率一次，并记下 χ_t 和相应的时间）。

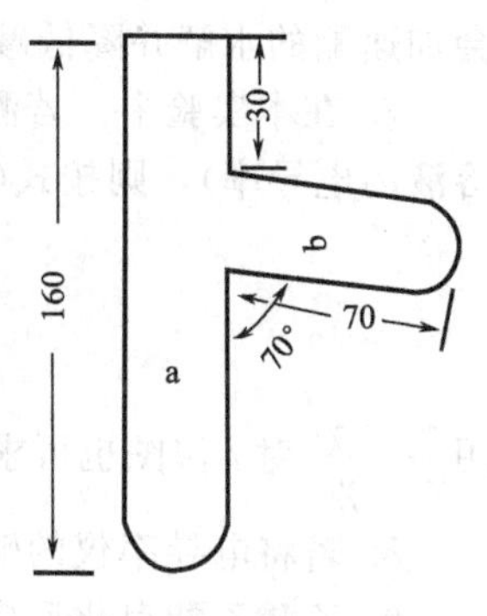

图 2-41 Y形电导管

注意：在每次测量 χ_t 前的半分钟，将 K_2 拨向“校正”位置，调节 RW_3 使表针指向满刻度，在测量时间到来前的 15s 左右，将 K_2 拨向“测量”位置，时间一到，迅速读取数值。

6. 重复测一次 χ_0。将步骤 4 保存下的溶液再测一次 χ_0（注意，测量前同样要将表针校正到满刻度），实验完毕，将电极用蒸馏水淋洗干净，放入装有蒸馏水的锥形瓶中。

五、数据记录及处理

1. 数据记录

记录 χ_0 值以及不同反应时刻的 χ_t 值并列成表。

2. 数据处理

(1) 算出不同时刻（$\chi_0-\chi_t$）/t 值并列入上表中。

(2) 以 χ_t 对（$\chi_0-\chi_t$）/t 作图，由直线的斜率求 25℃及 35℃时反应速率常数。

(3) 根据 $\ln\dfrac{k_{T_2}}{k_{T_1}}=\dfrac{E_a}{R}\left(\dfrac{1}{T_1}-\dfrac{1}{T_2}\right)$，求出反应的活化能 E_a。

(4) 根据范特霍夫规则求 $\dfrac{k_{T+10}}{k_T}=?$ 并算出各个温度下反应的半衰期。

要求：k（298.2K）$=6\pm1$（mol·L^{-1}）$^{-1}$·[min]$^{-1}$；k（308.2K）$=10\pm2$（mol·L^{-1}）$^{-1}$·[min]$^{-1}$

文献值 $\lg k=-1780/T+0.00754T+4.53$，其中 T 单位为 K，摘自《I. C. J》Vol. Ⅶ，103。

六、讨论

1. 本实验所用的蒸馏水需事先煮沸，待冷却后使用，以免溶有的 CO_2 生成 $NaHCO_3$ 致使 NaOH 溶液浓度发生变化。

2. 配好的 NaOH 溶液需装配碱石灰吸收管，以防空气中的 CO_2 进入瓶中改变溶液浓度。

3. 测定 298.2K、308.2K 的 χ_0 时，溶液均需临时配制。

4. 所用 NaOH 溶液和 $CH_3COOC_2H_5$ 溶液浓度必须相等。

5. $CH_3COOC_2H_5$ 溶液须使用前临时配制，因该稀溶液会缓慢水解（$CH_3COOC_2H_5+H_2O \rightleftharpoons CH_3COOH+C_2H_5OH$），影响 $CH_3COOC_2H_5$ 的浓度，且水解产物 CH_3COOH 又会部分消耗 NaOH。在配制溶液时，因 $CH_3COOC_2H_5$ 易挥发，称量时可预先在称量瓶中放入少量已煮沸过的蒸馏水，且动作要迅速。

6. 须用高质量去离子水配制上述两种溶液，若用吸收了 CO_2 的水，则将有较多的 H^+，会加速酯的水解并降低碱的浓度。

7. 在本实验中，若测得 $t\approx\infty$ 时的电导率 χ_∞（例如测定 $0.01\text{mol}\cdot\text{L}^{-1}$ 的 CH_3COONa 溶液的电导率），则按式(6) 或写成如下形式的线性方程式：

$$kat=\frac{\chi_0-\chi_t}{\chi_t-\chi_\infty} \tag{9}$$

用 $\frac{\chi_0-\chi_t}{\chi_t-\chi_\infty}$ 对 t 作图也可求得 k。

8. 若将电导率仪的输出信号输入自动记录仪，则可得到电导率随时间变化的完整曲线。

9. 乙酸乙酯皂化反应系吸热反应，混合后体系温度降低，所以在混合的起始几分钟内所测溶液的电导率偏低，因此最好在反应 4～6min 后开始读数，否则，由式(6) 作图得到的是一抛物线，而不是直线。

10. 求反应速率的方法很多，归纳起来有化学分析法及物理分析法两类。化学分析法是在一定时间取出一部分试样，使用骤冷或取出催化剂等方法使反应停止，然后进行分析，直接求出浓度。这种方法虽设备简单，但是时间很长，比较麻烦。物理分析法有旋光、折射率、电导率、分光光度等方法，根据不同情况可用不同仪器。这些方法的优点是实验时间短，速度快，可不中断反应，而且还可采用自动化的装置。但是需一定的仪器设备，并只能得出间接的数据，有时往往会因某些杂质的存在而产生较大的误差。

七、思考题

1. 本实验为什么可用测定反应液的电导率变化来代替浓度变化？为什么要求反应的溶液浓度相当低？如果 NaOH 与 $CH_3COOC_2H_5$ 溶液为浓溶液，能否用此法求 k 值？为什么？

2. 为什么本实验要求当反应液一开始混合就立刻记时？此时，反应液中的 a 应为多少？

3. 试由实验结果得到的 k 值计算反应开始 10min 后 NaOH 作用掉的部分所占百分数？并由此解释实验过程中测定电导率的时间间隔可逐步增加的原因。

4. 如果 NaOH 与 $CH_3COOC_2H_5$ 起始浓度不相同，试问其动力学方程如何表示？

5. 配制乙酸乙酯溶液时，为什么在称量瓶中要事先加入适量蒸馏水？

6. 为什么在测 χ_0 时，要将 NaOH 与等体积混合的蒸馏水混合？

7. 被测溶液的电导率主要是由哪些离子贡献的？反应过程中，溶液的电导率为什么会发生变化？

8. 若需测定 χ_∞ 值，可如何进行？

9. 如何选择电导率仪以适应不同的被测体系？

10 在什么情况下将高周/低周开关 K_3 选在“高周”？什么情况下选在“低周”？为什么？

11. 如何利用电导率仪标定电导电极常数？

12. 尽管我们已将电导率仪的机械零点调到零，但在接通电源，且将 K_2 拨向“测量”位置时，表针并不指向零，请问是什么原因？

13. 在实验中也可以使用无纸记录仪记录实验数据，试分析使用无纸记录仪与使用现有实验装置相比两者的优缺点。

实验十二　电动势法研究甲酸与溴的氧化反应动力学

一、实验目的

用电动势法测定甲酸被溴氧化的反应级数、速率常数和活化能。

二、基本原理

甲酸被溴氧化的化学反应如下：

$$HCOO^- + Br_2 \longrightarrow CO_2 + H^+ + 2Br^-$$

反应速率方程式为：

$$-\frac{d[Br_2]}{dt} = k[HCOOH]^m[Br_2]^n \tag{1}$$

如果 HCOOH 的初浓度比 Br_2 大得多，可以认为它在反应过程中浓度保持不变，这时式(1) 可写成：

$$-\frac{d[Br_2]}{dt} = k'[Br_2]^n \tag{2}$$

显然

$$k' = k[HCOOH]^m \tag{3}$$

实验测得 $[Br_2]$ 随时间变化的函数关系，即可确定反应级数 n 及速率常数 k'。如果使用两种不同过剩量的 [HCOOH] 分别进行测定可得两个 k'值。

$$k_1' = k[HCOOH]_1^m \tag{4}$$

$$k_2' = k[HCOOH]_2^m \tag{5}$$

联立式(4) 和式(5) 可求出反应级数 m 及速率常数 k。

但在实验反应中，除反应物 HCOOH 和 Br_2 的浓度影响反应速率外，Br^- 和 H^+ 对反应速率也有影响，在本实验中使 H^+ 和 Br^- 过量保持其浓度基本不变，当需要获得更完善的动力学表示式时，还需做更多的实验。

本实验采用电动势法跟踪 Br_2 浓度随时间的变化，用饱和甘汞电极作参比电极，将铂电极放在含 Br_2 和 Br^- 的反应液中组成如下电池：

$$Hg\text{-}Hg_2Cl_2 \mid Cl^- \parallel Br^- \mid Br_2 \mid Pt$$

此电池的电动势是：

$$E = \varphi^{\ominus}_{Br_2/Br^-} + \frac{RT}{2F}\ln\frac{[Br_2]}{[Br^-]^2} - \varphi_{甘汞}$$

$[Br^-]$ 很大，反应过程中基本保持不变，上式可写成：

$$E = 常数 + \frac{RT}{2F}\ln[Br_2] \tag{6}$$

如果氧化反应对 Br_2 是假一级，则式(1) 可写成：

$$-\frac{d[Br_2]}{dt} = k'[Br_2]$$

积分上式得

$$\ln[Br_2] = 常数 - k't \tag{7}$$

将式(6) 代入式(7) 并对时间 t 微分得

$$k' = -\frac{2F}{RT}\frac{dE}{dt} \tag{8}$$

因此，以 E 对 t 作图，如果是直线关系，则证实此反应对 Br_2 是一级反应，并且从直线斜率求得 k'。从阿累尼乌斯方程可知反应速率常数与温度有如下关系式：

$$\frac{d\ln k}{dT} = \frac{E_a}{RT^2} 或 \ln k = \frac{-E_a}{RT} + B \tag{9}$$

式中，E_a 为一常数，称为反应的活化能。

如令 k_{T_1} 和 k_{T_2} 分别代表 T_1 和 T_2 时的速率常数，则：

$$\ln\frac{k_{T_2}}{k_{T_1}}=\frac{E}{R}\left(\frac{T_2-T_1}{T_1T_2}\right) \tag{10}$$

三、仪器及试剂

无纸记录仪 1 台，50mL 容量瓶 8 只，超级恒温槽 1 台，50mL 酸式滴定管 1 支，磁力搅拌器 1 台，20mL 移液管 2 支，精密直流稳压电源 1 台，10mL 移液管 2 支，精密绕线电位器（1kΩ）1 只，5mL 移液管 2 支，饱和甘汞电极 1 支，500mL 塑料杯 1 个，铂电极 1 支，洗瓶 1 个，夹套反应器 1 只；1.00mol·L^{-1} HCOOH，1.0mol·L^{-1}KBr＋0.01mol·L^{-1} Br_2＋1.0mol·L^{-1} HCl 水溶液。

四、实验步骤

1. 恒温：调节超级恒温槽至（25.0±0.1)℃，将反应器接上恒温水，开启循环水泵。

2. 配制反应溶液：

（1）用移液管分别吸取 1.00mol·L^{-1} HCOOH 溶液 10mL 和 20mL 置于两个 50mL 的容量瓶中，并稀释至刻度。然后小心放入超级恒温槽恒温 15min。

（2）用另一移液管分别吸取两个 10mL 的(1.0166mol·L^{-1} KBr＋0.00335mol·L^{-1} $KBrO_3$＋1.02mol·L^{-1} HCl）溶液放入两个 50mL 的容量瓶中并稀释至刻度。其中一个小心放入恒温槽中恒温，将另一个容量瓶中的溶液通过反应器上的加料漏斗倒入反应器中，开启磁力搅拌器，恒温 15min。

3. 取出铂电极(一般用电导电极）用蒸馏水淋洗干净并用滤纸擦干（勿碰到铂片），放入反应器中。同时将饱和甘汞电极放入盛有饱和 KCl 溶液的小烧杯中，在反应器和小烧杯之间架好盐桥，如图 2-42 所示。

4. 按图 2-43 接好线路(注意：正、负极不要接错!)，打开无纸记录仪。

5. 反应：

（1）将已恒温好的 HCOOH 溶液，通过加液漏斗小心迅速地倒入反应器中，调节绕线电位器，使无纸记录仪接近满刻度。重置无纸记录仪开始记录 E-t 曲线，当无纸记录仪数据小于 3mV 时停止记录数据并将数据保存在电脑中。

（2）小心倒出步骤（1）反应后的溶液，用蒸馏水冲洗三次(注意：在倾倒反应液和冲洗反应器时，小心不要将搅拌磁子倒入水槽中)。用滤纸吸干。重新装好电极、盐桥，接好线。将已恒温好的 20mL HCOOH 溶液和 10mL(1.0166mol·L^{-1} KBr＋0.00335mol·L^{-1} $KBrO_3$＋1.02mol·L^{-1} HCl）的水溶液分别倒入反应器中，重新记录 E-t 曲线。

6. 提高反应温度到（35.0±0.1)℃，重复步骤 2、3、4、5。

7. 实验完毕，洗净反应器和铂电极。

五、数据记录和处理

数据处理：分别以两组溶液的电势差 E 对时间 t 作图得一直线，从直线求 k'，再代入式(4)、式(5)，解联立方程得级数 m 和速率常数 k 以及反应的动力学方程式。从两个不同温度的反应速率常数按式(10) 求反应的活化能。

六、讨论

1. 本实验中设计的电池，它的电动势较大（约 0.8V)，而反应过程中电动势变化较小

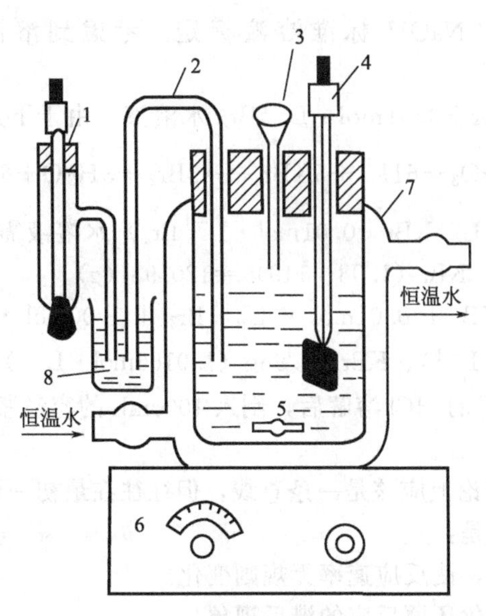

图 2-42　甲酸氧化反应装置

1—甘汞电极；2—盐桥；3—加液漏斗；4—铂电极；5—搅拌磁子；
6—磁力搅拌器；7—夹套反应器；8—饱和 KCl 溶液

（约 30mV）。为了提高$\frac{dE}{dt}$的测量精度，在实验中可采用如图 2-43 所示的连接线路。图中工作电池串联一个 1kΩ 电位器，从中分出一恒定电压与被测电池同极相连，以便对消掉一部分被测电池的电动势。通过调节电位器，使对消后剩下约 40mV 左右的电位差输入量程相应的自动记录仪，从而达到了提高测量电动势变化精度的目的。

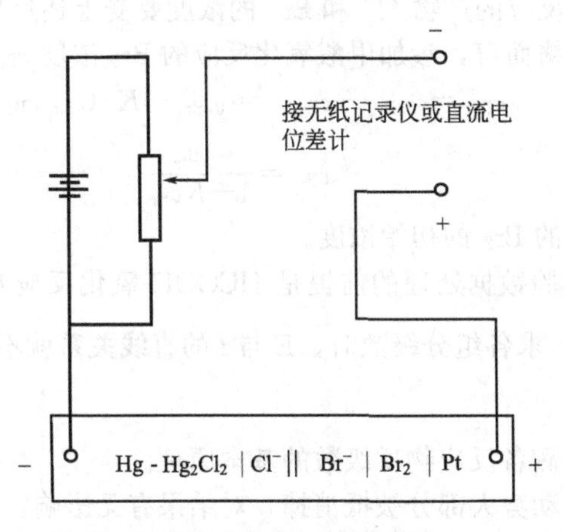

图 2-43　测电动势变化的接线图

2. 容量瓶放入恒温槽中至少要恒温 15min 才可进行反应，恒温过程中可摇荡溶液两次，同时要让学生明白恒温槽水温与反应器温度之间存在差值。

3. 配制反应溶液：

(1) 1.00mol·L^{-1}甲酸　分析纯甲酸试剂通常含 HCOOH 不少于 88%，取 45mL 稀释成 1L 即成 1mol·L^{-1}的甲酸溶液，然后用酚酞为指示剂，0.5mol·L^{-1}NaOH 标准溶液标定。

(2) 1.00mol·L^{-1}盐酸溶液　取分析纯浓盐酸 85mL 稀释成 1L 即成约 1mol·L^{-1}的盐

酸溶液，用 0.5mol·L^{-1} NaOH 标准溶液标定。考虑到溶液 c. 需消耗酸，故应配 1.02mol·L^{-1}。

（3）1.00mol·L^{-1}KBr+0.01mol·$L^{-1}$$Br_2$ 水溶液　由于下述反应

$$KBrO_3+6H^+ +5KBr \longrightarrow 3Br_2+3H_2O+6K^+$$

故配制 1000mL（1.00mol·L^{-1}KBr+0.01mol·$L^{-1}$$Br_2$）水溶液需 $KBrO_3$（0.01×167/3）= 0.557（g）（近似取 0.56g），KBr（1.98+119）=120.98（g）。

（4）1.00mol·L^{-1} KBr + 0.01mol·L^{-1} Br_2 + 1.00mol·L^{-1} HCl 水溶液：称取 $KBrO_3$0.56g（0.00335mol·L^{-1}）、KBr120.98g（1.0166mol·L^{-1}）放入 100mL 的烧杯中，用上述已配好的 1.02mol·L^{-1}的 HCl 溶解后，倒入 1000mL 的容量瓶中，再用 1.02mol·L^{-1}的 HCl 溶液稀释至刻度即可。

4. 记录的 E-t 曲线，理论上应该是一条直线，但往往在最初一段有弯曲，使确定直线的斜率时引起误差，其原因可能是：

（1）溶液温度未达恒定，使反应速率无规则变化。

（2）电极上存在建立氧化还原反应的滞后现象。

5. 试剂浓度的误差应不大于 1%，如甲酸浓度误差为 1%，则算得的 k 值也会引起 1%的误差。因此所配溶液需要标定。

6. 铂电极应保持清洁，不能被污染。实验完毕电导电极应淋洗干净以备下次再用。如果用铂金丝作电极，可通过在酒精灯上烧红或用丙酮清洗以除去其表面杂质。

7. HCOOH 被 Br_2 氧化，除主反应外还有如下两个平行反应存在：

$$HCOOH \rightleftharpoons HCOO^- + H^+$$

$$Br_2+Br^- \rightleftharpoons Br_3^-$$

随着反应进行，作为主反应的产物 H^+ 和 Br^- 的浓度要受上述反应的抑制。若已知 Br^- 和 Br_3^- 反应的平衡常数 K，严格而言，参加甲酸氧化反应的 Br_2 浓度 c_{Br_2} 应由下式计算：

$$c_{Br_2}=c_{0,Br_2}-c_{Br_3^-}=c_{0,Br_2}-K(c_{Br_2}c_{Br^-})$$

所以

$$c_{Br_2}=\frac{c_{0,Br_2}}{1+Kc_{Br}}$$

式中，c_{0,Br_2}为配制的 Br_2 的初始浓度。

8. 应当指出，本实验数据处理的前提是 HCOOH 氧化反应对 Br_2 的反应级数为一级，即有 $k'=-\frac{2F}{RT}\frac{dE}{dt}$。否则，求各组分级数时，$E$ 与 t 的直线关系就不成立。

七、思考题

1. 简述过量浓度法测各反应物质级数的基本原理。

2. 实验中的电池电动势大部分被抵消掉，对结果有无影响？为什么？

3. 如何由实验得到的 E-t 直线上求得$\frac{dE}{dt}$值（mV·s^{-1}）？

4. 为什么反应前要调节电位器使无纸记录仪在满刻度处而不调节到接近零点处？

实验十三　差热分析实验

一、实验目的

1. 用差热仪绘制 $CuSO_4·5H_2O$ 等样品的差热图。

2. 了解差热分析仪的工作原理及使用方法。

3. 了解热电偶的测温原理和如何利用热电偶绘制差热图。

二、基本原理

物质在受热或冷却过程中，当达到某一温度时，往往会发生熔化、凝固、晶型转变、分解、化合、吸附、脱附等物理或化学变化，并伴随着有焓的改变，因而产生热效应，其表现为物质与环境(样品与参比物）之间有温度差。差热分析（Differential Thermal Analysis，简称DTA）就是通过温差测量来确定物质的物理化学性质的一种热分析方法。

差热分析仪的结构如图 2-44 所示。它包括带有控温装置的加热炉、放置样品和参比物的坩埚、用于盛放坩埚并使其温度均匀的保持器、测温热电偶、差热信号放大器和信号接收系统(记录仪或计算机等)。差热图的绘制是通过两支型号相同的热电偶，分别插入样品和参比物中，并将其相同端连接在一起(即并联，见图 2-44)。A、B 两端引入记录笔 1，记录炉温信号。若炉子等速升温，则笔 1 记录下一条倾斜直线，如图 2-45 中 MN；A、C 端引入记录笔 2，记录差热信号。若样品不发生任何变化，样品和参比物的温度相同，两支热电偶产生的热电势大小相等，方向相反，所以 $\Delta U_{AC}=0$，笔 2 画出一条垂直直线，如图 2-45 中 ab、de、gh 段，是平直的基线。反之，样品发生物理、化学变化时，$\Delta U_{AC}\neq 0$，笔 2 发生左右偏移(视热效应正、负而异)，记录下差热峰，如图 2-45 中 bcd、efg 所示。两支笔记录的时间-温度（温差）图就称为差热图，或称为热谱图。

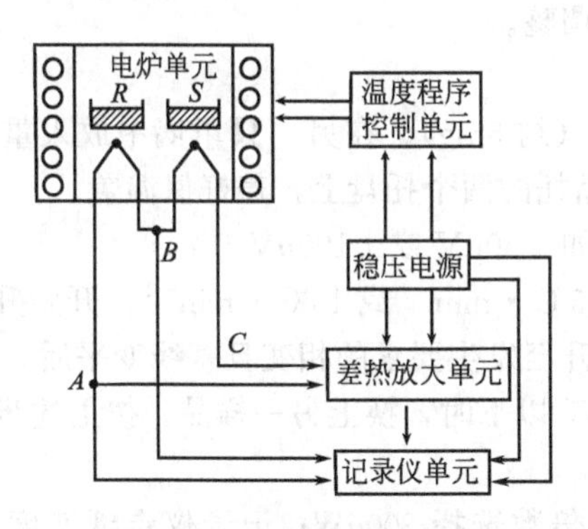

图 2-44　差热分析原理图

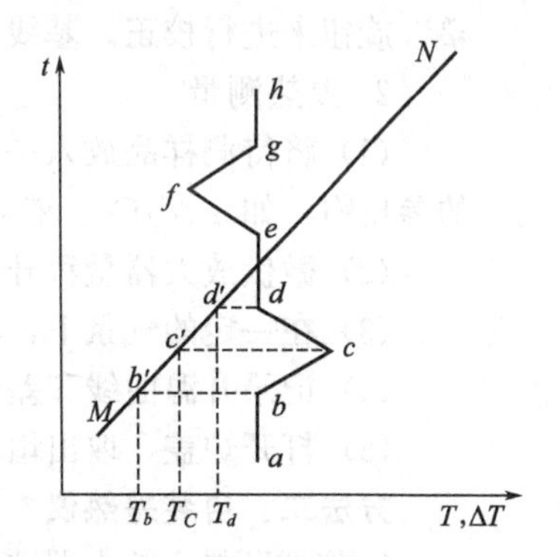

图 2-45　典型的差热图

从差热图上可清晰地看到差热峰的数目、位置、方向、宽度、高度、对称性以及峰面积等。峰的数目表示物质发生物理、化学变化的次数；峰的位置表示物质发生变化的转化温度(如图 2-45 中 T_b)；峰的方向表明体系发生热效应的正负性；峰面积说明热效应的大小，相同条件下，峰面积大的表示热效应也大。在相同的测定条件下，许多物质的热谱图具有特征性：即一定的物质就有一定的差热峰的数目、位置、方向、峰温等，所以，可通过与已知的热谱图的比较来鉴别样品的种类、相变温度、热效应等物理化学性质。因此，差热分析广泛应用于化学、化工、冶金、陶瓷、地质和金属材料等领域的科研和生产部门。理论上讲，可通过峰面积的测量对物质进行定量分析。

样品的相变热 ΔH 可按下式计算：

$$\Delta H=\frac{K}{m}\int_b^d \Delta T \mathrm{d}\tau \tag{1}$$

式中，m 为样品质量；b、d 分别为峰的起始、终止时刻；ΔT 为时间 τ 内样品与参比物的温差；$\int_b^d \Delta T \mathrm{d}\tau$ 代表峰面积；K 为仪器常数，可用数学方法推导，但较麻烦，本实验用已知热效应的物质进行标定。已知纯锡的熔化热为 $59.36\times10^{-3}J\cdot mg^{-1}$，可由锡的差热峰面积求得 K 值。

三、仪器及试剂

差热分析仪（CDR型或自装差热分析仪等）1套；$BaCl_2\cdot2H_2O$(A. R.)，$CuSO_4\cdot5H_2O$(A. R.)，$NaHCO_3$(A. R.)，Sn(A. R.)。

四、实验步骤

方法一：CDR系列差热仪

1. 准备工作

(1) 取两只空坩埚放在样品杆上部的两只托盘上。

(2) 通水和通气：接通冷却水，开启水源使水流畅通，保持冷却水流量约 $200\sim300mL\cdot min^{-1}$；根据需要在通气口通入一定流量的保护气体。

(3) 开启仪器电源开关，然后开启计算机和打印机电源开关。

(4) 零位调整：将差热放大器单元的量程选择开关置于“短路”位置，转动“调零”旋钮，使“差热指示”表头指在“0”位。

(5) 将升温速度设定为 $5℃\cdot min^{-1}$ 或 $10℃\cdot min^{-1}$。

(6) 斜率调整：将差热放大单元量程选择开关置于 $\pm50\mu V$ 或 $\pm100\mu V$ 挡，然后开始升温，同时记录温差曲线，该曲线应为一条直线，称为“基线”。如发现基线漂移，则可用“斜率调整”旋钮来进行校正。基线调好后，一般不再调整。

2. 差热测量

(1) 将待测样品放入一只坩埚中精确称重（约5mg），在另一只坩埚中放入重量基本相等的参比物，如 α-Al_2O_3。然后将其分别放在样品托的两个托盘上，盖好保温盖。

(2) 微伏放大器量程开关置于适当位置，如 $\pm50\mu V$ 或 $\pm100\mu V$。

(3) 在一定的气氛下，将升温速度设定为 $5℃\cdot min^{-1}$ 或 $10℃\cdot min^{-1}$，开始升温。

(4) 记录升温曲线和差热曲线，直至温度升至发生要求的相变且基线变平后，停止记录。

(5) 打开炉盖，取出坩埚，待炉温降至50℃以下时，换上另一样品，按上述步骤操作。

方法二：自装差热仪

1. 仪器预热。放大器（微瓦功率计）放大倍数选择 $300\mu W$；记录仪走纸速度为 $300mm\cdot h^{-1}$。待仪器预热20min后，调节放大器粗调旋钮，使记录笔2（蓝笔）处于记录纸左边适当位置。

2. 装样品。在干净的坩埚内装入约 $\frac{1}{2}\sim\frac{2}{3}$ 坩埚高度的 $CuSO_4\cdot5H_2O$ 粉末，并将其颠实。放入保持器的样品孔中；另一装 Al_2O_3 的坩埚放入保持器的参比物孔中。盖上保持器盖，套上炉体，盖好炉盖。

3. 测量。开启程序升温仪，开始测量。待硫酸铜的三个脱水峰记录完毕，关闭程序升温仪，取下加热炉；待保持器温度降至50℃时，将装有纯Sn样品的坩埚放入样品孔中。另换一台加热炉（冷的），同法测锡熔化的差热图。实验完毕关闭仪器电源。

4. 换用计算机记录显示重复做 $CuSO_4\cdot5H_2O$ 的差热图。详见讨论2。

【注意事项】

- 坩埚一定要清理干净，否则埚垢不仅影响导热，杂质在受热过程中也会发生物理化学变化，影响实验结果的准确性。

- 样品必须研磨得很细，否则差热峰不明显；但也不宜太细。一般差热分析样品以研磨到200目为宜。

❶ 双笔记录仪的两支笔并非平行排列，为防二者在运动中相碰，制作仪器时，二者位置上下平移一段距离，称为笔距差。因此，在差热图上求转折温度时应加以校正。

五、数据记录及处理

1. 由所测样品的差热图，求出各峰的起始温度和峰温，将数据列表记录。

2. 求出所测样品的热效应值。

3. 样品 $CuSO_4 \cdot 5H_2O$ 的三个峰各代表什么变化，写出反应方程式。根据实验结果，结合无机化学知识，推测 $CuSO_4 \cdot 5H_2O$ 中 5 个 H_2O 的结构状态。

六、讨论

1. 从理论上讲，差热曲线峰面积（S）的大小与试样所产生的热效应（ΔH）大小成正比，即 $\Delta H=KS$，K 为比例常数。将未知试样与已知热效应物质的差热峰面积相比，就可求出未知试样的热效应。实际上，由于样品和参比物之间往往存在着比热容、热导率、粒度、装填紧密程度等方面的不同，在测定过程中又由于熔化、分解转晶等物理、化学性质的改变，未知物试样和参比物的比例常数 K 并不相同，所以用它来进行定量计算误差较大。但差热分析可用于鉴别物质，与 X 射线衍射、质谱、色谱、热重法等方法配合可确定物质的组成、结构及动力学等方面的研究。

2. 在自装差热仪上，信号记录部分可用计算机接收。加热炉部分在保持器中添加一根热电偶，接上专用 K 型热偶温度放大器将微弱的电信号放大，由采集数据程序接收，在计算机屏幕上显示出差热图。

在计算机屏幕上，时间为横坐标，温度和温差为纵坐标，差热图上出现三条不同颜色的线：其中两条线与双笔记录仪的两条线相同；第三条线是样品温度线(在一般双笔记录仪上见不到这一条线)，它显示了样品在实验过程中的实际温度，样品发生脱水反应时温度比参比物温度略低，其差值可从右边纵坐标上读出；有热效应时的温差也可以从右边纵坐标上读出(左边纵坐标上显示的为温度)。

七、思考题

1. DTA 实验中如何选择参比物？常用的参比物有哪些？

2. 差热曲线的形状与哪些因素有关？影响差热分析结果的主要因素是什么？

3. DTA 和简单热分析(步冷曲线法) 有何异同？

实验十四　氢超电势的测定

一、实验目的

1. 测量氢在光亮铂电极上的活化超电势，求得塔菲尔公式中的两个常数 a、b。

2. 了解超电势的种类和影响超电势的因素。

3. 掌握测量不可逆电极电势的实验方法。

二、基本原理

一个电极，当没有电流通过时，它处于平衡状态。此时的电极电势称为可逆电极电势，用 $\varphi_{可逆}$ 表示。在有明显的电流通过电极时，电极的平衡状态被破坏，电极电势偏离其可逆电极电势。通电情况下的电极电势称为不可逆电极电势，用 $\varphi_{不可逆}$ 表示之。

某一电极的可逆电极电势与不可逆电极电势之差，称为该电极的超电势，超电势用 η 表示。即：

$$\eta=\left|\varphi_{可逆}-\varphi_{不可逆}\right| \tag{1}$$

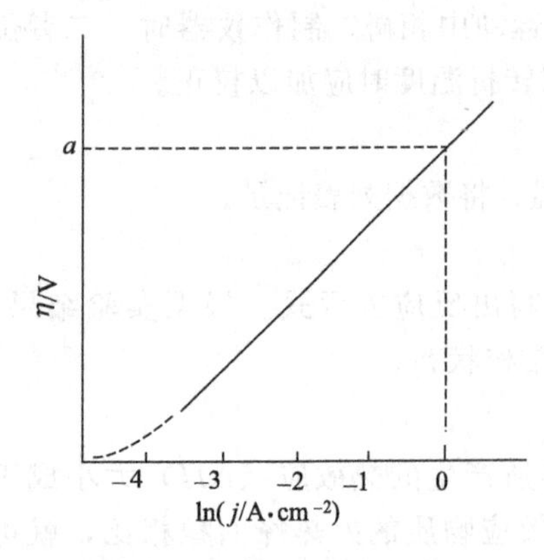

图 2-46 氢超电势与电流密度对数的关系图

超电势的大小与电极材料、溶液组成、电流密度、温度、电极表面的处理情况有关。

超电势由三部分组成：电阻超电势、浓差超电势和活化超电势。分别用 η_R、η_C、η_E 表示。

η_R 是电极表面的氧化膜和溶液的电阻产生的超电势。

η_C 是由于电极表面附近溶液的浓度与中间本体的浓度差而产生的。

η_E 是由于电极表面化学反应本身需要一定的活化能引起的。

对于氢电极 η_R 和 η_C 比 η_E 小得多，在实验时，η_R 和 η_C 可设法减小到可忽略的程度，因此通过实验测得的是氢电极的活化超电势。图 2-46 为氢超电势与电流密度对数的关系图。

1905 年，塔菲尔总结了大量的实验结果，得出了在一定电流密度范围内，超电势与通过电极的电流密度 j 的关系式，称为塔菲尔公式：

$$\eta=a+b\ln j \text{（或 } \eta=a+b'\lg j\text{）} \tag{2}$$

式中，η 为电流密度为 j 时的超电势；a、b 为常数，单位均为 V。a 的物理意义是在电流密度 j 为 $1A \cdot cm^{-2}$ 时的超电势。a 的大小与电极材料、电极的表面状态、溶液组成和温度有关，它基本上表征着电极的不可逆程度。铂电极属于低超电势金属，a 值在 0.1～0.3V 之间。b 为超电势与电流密度对数的线性方程式中的斜率，如图 2-46 所示。b 值受电极性质的影响较小，对于大多数金属来说相差不多，在常温下接近于 0.05V。

理论和实验都已证实，电流密度 j 很小时，η 和 $\ln j$ 的关系不符合塔菲尔公式。

本实验是测量氢在光亮铂电极上的超电势。实验装置如图 2-47 所示。

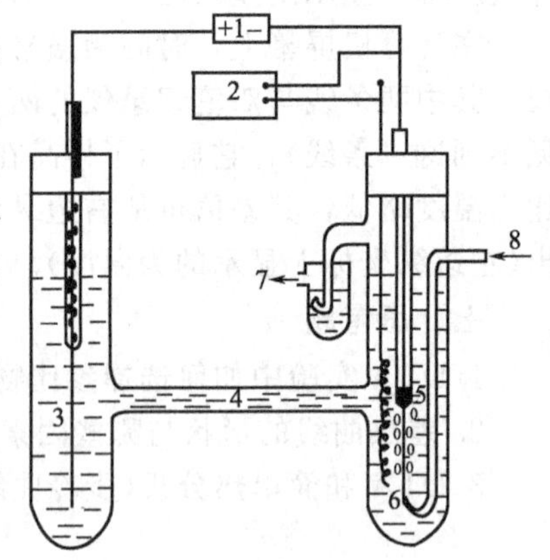

图 2-47 测定氢超电势的装置图
1—精密稳流电源；2—数字电压表；3—辅助电极；4—HCl 溶液；5—待测电极；6—参比电极；7，8—氢气

待测电极 5 与辅助电极 3 构成一个电解池。可调节精密稳流电源来控制通过电解池的电流大小。当有不同的电流密度通过待测电极时，其电极电势具有不同的数值。

待测电极 5 与参比电极 6 构成一个原电池，借助于数字电压表 2 来测量此原电池的电动势。参比电极具有稳定不变的电极电势，而被测电极的电极电势则随通过其上的电流密度而改变。当通过被测电极的电流密度改变时，由数字电压表 2 所测得的原电池电动势的改变，表征着待测电极不可逆电极电势的改变。

三、仪器及试剂

PZ8 型直流数字电压表 1 台，yp-2B 型精密稳流电源 1 台，氢气发生器 1 套，恒温槽装置 1 套，电极管，光亮铂电极，参比电极（Ag-AgCl 电极），辅助电极；电导水（重蒸馏水），$1mol \cdot L^{-1}$ HCl，浓 HNO_3（化学纯）。

四、实验步骤

1. 将电极管中各电极取出，妥善放置（内有水银，切勿倒放），电极管先用水荡洗，再用蒸馏水、电导水各洗 2～3 遍，最后用电解液（1mol·L^{-1} HCl）洗 2～3 次（每次量要少），然后倒入一定量电解液，H_2 出口处用电解液封住。

2. 将 Ag-AgCl 参比电极从 1mol·L^{-1} HCl 溶液中取出，插入电极管内。

光亮铂电极和辅助电极（都是铂丝）的处理：

每学期由指导教师认真处理一次，以后每次学生使用只需将上次用过的铂电极在浓硝酸中浸泡 2～3min，以蒸馏水、电导水依次冲洗之，即可用于测定。

3. 将电极管放入恒温槽内恒温（25～35℃）。并将 H_2 发生器接通电源，以 3A 电流电解，产生 H_2，待 H_2 压力达到一定程度后，调节旋夹，控制 H_2 均匀放出。

4. 测量：接好线路后，用数字电压表测电解电流为 0 时原电池的电动势数次，测定可逆电动势偏差在 1mV 以下，调节精密稳流电源，使其读数为 0.3mA，在此电流下电解 15min，测量原电池的电动势。用同样方法分别测定电流为 0.5mA、0.7mA、0.9mA、1.2mA、1.5mA、1.8mA、2.1mA、2.5mA 时原电池的电动势，每个电流密度重复测 3 次，在大约 3min 内，其读数平均偏差应小于 2mV，取其平均值，计算其超电势。

5. 实验结束后，应记下被测电极的面积，并使仪器设备一律复原。

五、数据处理

室温：________ 气压：________

1. 数据记录：

测定次数	电流强度 I/mA	电流密度 j/A·cm^{-2}	电势/V	超电势 η	ln$j$
电极面积＝　cm^2　a＝　b＝					

2. 计算不同电流密度 j 的超电势 η 值。

3. 将电流强度 I 换算成电流密度 j，并取对数求 ln$j$。

4. 以 η 对 ln$j$ 作图，连接线性部分。

5. 求出直线斜率 b，并将直线延长，在 ln$j$＝0 时读取 a 值 [或将数据代入式（2）（塔菲尔公式）求算常数 a 值]。写出超电势与电流密度的经验式。

六、讨论

1. 待测电极在测定过程中，应始终保持浸在 H_2 的气氛中，H_2 气泡要稳定地、一个一个地吹打在铂电极上，并密切注意测定过程中铂电极的变化。如铂电极表面吸附一层小气泡，或变色，或吸附了一层其他物质，应立即停止实验，重新处理电极，一切从头开始。产生这种情况的原因很可能是电极漏汞造成的，应及时请指导教师处理。

2. 产生 H_2 的装置应使 H_2 达到一定压力，方能保证 H_2 均匀放出。凡做本实验的学生，一进实验室应首先打开 H_2 发生器的电源，让电解水的反应开始，然后，再按实验步骤做好准备工作。

七、思考题

1. 根据塔菲尔公式，b 的理论值以 $\ln j$ 或 $\lg j$ 表示时应分别是多少？

2. 电极管中三个电极的作用分别是什么？

3. 影响超电势的因素有哪些？

4. 用什么方法可以最大限度地减小电阻超电势 η_1 和浓差超电势 η_2？

5. 本实验测的是阴极超电势还是阳极超电势？如果万一开始时将待测电极接在直流稳压电源的"+"极上，实验会出现什么情况？

第二部分　综合设计实验

实验十五　纳米 TiO_2 的制备及其光催化性能研究

一、实验目的

1. 掌握胶溶法制备纳米 TiO_2 粉末和薄膜的原理及实验方法。

2. 掌握纳米 TiO_2 的光催化原理和实验方法。

3. 掌握气相色谱仪的工作原理和使用方法。

4. 了解 X 射线衍射仪表征纳米 TiO_2 的原理。

二、基本原理

二氧化钛有三种晶体结构，分别为属于正交晶系的板钛矿、立方晶系的锐钛矿和金红石。其中金红石（R）型和锐钛矿（A）型的晶胞中的分子数分别为 2 和 4，晶胞参数分别为：R 型，$a=4.593$Å，$c=2.959$Å；A 型，$a=3.784$Å，$c=9.515$Å。晶胞结构如图 2-48 所示。

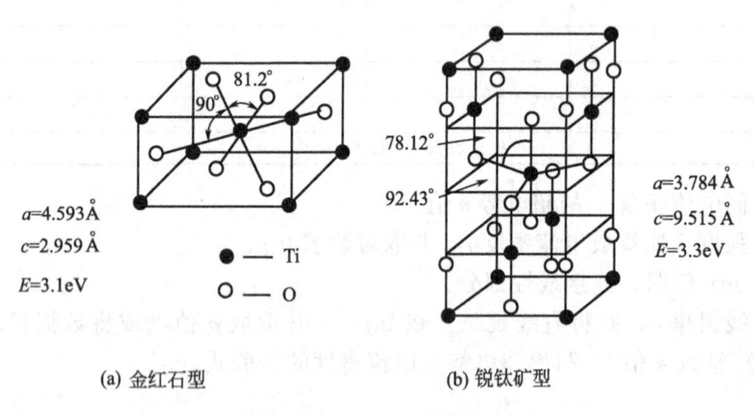

图 2-48　TiO_2 的晶胞结构

1. 纳米 TiO_2 的光催化原理[1]

TiO_2 作为一种半导体材料，其能带结构是由一个充满电子的价带和一个空的导带构成的，价带和导带之间的区域为禁带，禁带的宽度称为带隙能。TiO_2 的带隙能为 3.1（金红石型）～3.3eV（锐钛矿型），相当于波长为 387.5nm 光的能量。计算公式如下所示：

$$\lambda_g\ (\text{nm}) = \frac{1240}{E_g\ (\text{eV})} \tag{1}$$

当锐钛矿型纳米 TiO_2 吸收波长大于或等于 387.5nm 的光时，TiO_2 价带上的电子被激发跃迁至导带，在价带上留下相应的空穴（h^+），而在导带上产生激发态电子（e^-），被激发的光生电子-空穴对一部分在体内或表面重新复合在一起，而另一部分在电场的作用下分离并迁移到表面。实验表明，价带上的空穴是良好的氧化剂，导带上的电子是良好的还原剂。表面的电子 e^- 能够与吸附在 TiO_2 颗粒表面上的 O_2 发生还原反应，生成 $\cdot O_2^-$。$\cdot O_2^-$ 与空穴 h^+ 进一步反应生成 H_2O_2，而空穴 h^+ 与 H_2O、OH^- 发生氧化反应生成高活性的 $\cdot OH$ 和 H_2O_2，$\cdot OH$ 把吸附在 TiO_2 表面上的有机污染物降解为 CO_2、H_2O 等，将无机污染物氧化或还原为无害物。其反应机理如图 2-49 所示。

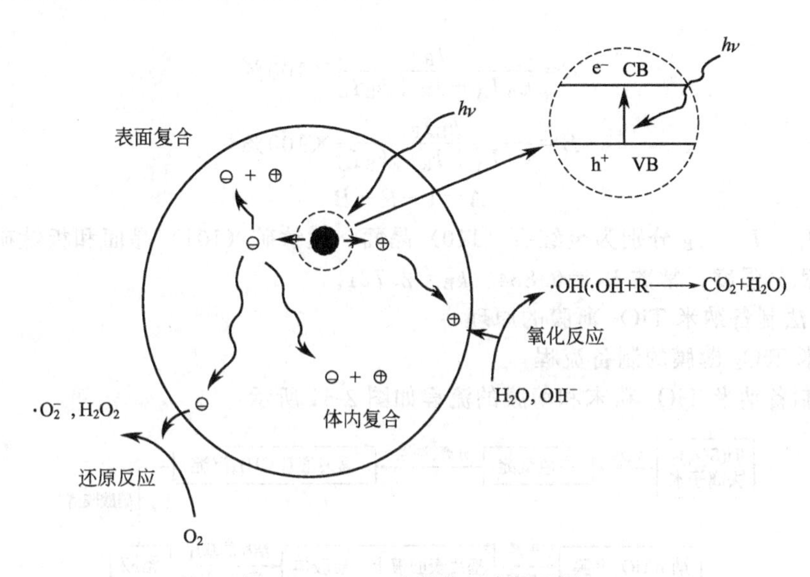

图 2-49 TiO_2 光催化反应机理图

2. X 射线衍射仪表征纳米 TiO_2 的原理

如图 2-50 所示，一束平行的波长为 λ 的单色 X 射线，照射到两个间距为 d 的相邻晶面上，发生反射，设入射角和反射角为 θ，两个晶面反射的 X 射线干涉加强的条件必须满足布拉格方程，即二者的光程差等于波长的整数倍：

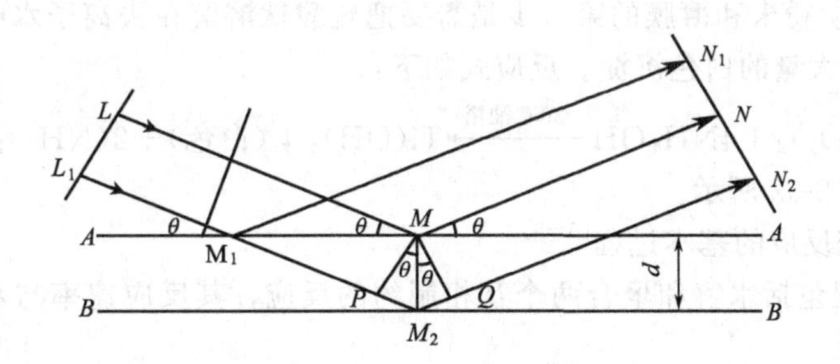

图 2-50 布拉格方程的导出

$$2d\sin\theta=n\lambda \qquad (2)$$

式中，n 为整数，称为衍射的级。

根据入射光的波长 λ 值及 XRD 谱图 2θ 角，可以由此式算出晶体不同晶面的面间距 d。并根据 XRD 衍射谱峰，通过对比标准的二氧化钛图谱，可以得到样品的晶型。当晶粒小于 200nm 时，使用半高宽和积分宽进行分析处理 X 射线峰形，可以获得样品的相关晶面尺寸。

(1) 利用仪器自带软件计算的半峰宽及 Scherrer 公式可以计算纳米晶体的平均粒径：

$$D[hkl]=\frac{K\lambda}{\beta\cos\theta} \tag{3}$$

式中，D 为平均晶粒尺寸，nm；K 代表晶粒的形状因子，一般可取 $K=0.89$；λ 代表X射线波长，本实验中采用的波长为 0.154056nm；β 为垂直于［hkl］晶面族方向的衍射峰的半高宽（RAD）；θ 为衍射角。

(2) 利用 XRD 谱图上锐钛矿（101）晶面特征峰和金红石（110）晶面特征峰的峰强度 I_A 和 I_R 面积。按照如下三式计算得到组成样品的金红石率（R）、板钛矿率（B）和锐钛矿率（A）。

$$R=\frac{I_R}{k_A I_A+I_R+k_B I_B}\times 100\% \tag{4}$$

$$B=\frac{k_B I_B}{k_A I_A+I_R+k_B I_B}\times 100\% \tag{5}$$

$$A=1-R-B \tag{6}$$

式中，I_R、I_A、I_B 分别为金红石（110）晶面、锐钛矿（101）晶面和板钛矿（121）晶面的衍射峰积分强度；常数 $k_A=0.884$，$k_B=2.721$。

3. 胶溶法制备纳米 TiO_2 薄膜的原理

(1) 纳米 TiO_2 薄膜的制备流程

胶溶法制备纳米 TiO_2 粉末和薄膜的流程如图 2-51 所示：

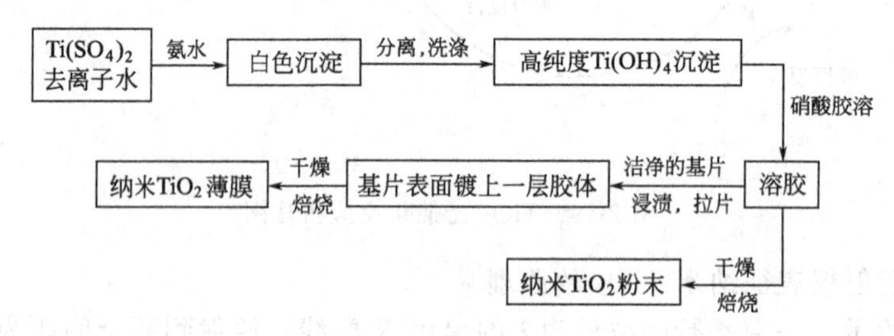

图 2-51 纳米 TiO_2 粉末和薄膜的制备流程图

(2) $Ti(SO_4)_2$ 水解制备 $Ti(OH)_4$[2]

制备纳米 TiO_2 粉末和薄膜的第一步是需要把硫酸钛溶解在去离子水中，再加入一定量的氨水，反应得到大量的白色沉淀。反应式如下：

$$Ti(SO_4)_2+4NH_4OH \xrightarrow{80℃油浴} Ti(OH)_4\downarrow(白色)+2(NH_4)_2SO_4 \tag{7}$$

水解装置如图 2-52 所示。

(3) 溶胶-凝胶反应的基本过程[3~5]

溶胶-凝胶过程包括水解和聚合两个互相制约的反应，其反应速率与水、催化剂、醇溶剂量有很大关系。

胶溶过程是把洗净的白色沉淀分散到胶溶剂中，制成 TiO_2 溶胶，从而消除一次粒子的团聚问题，使二次粒子到达纳米级。所选择的胶溶剂是常用的无机酸。胶溶过程如下：

$$Ti(OH)_4(沉淀) \xrightarrow{H^+} TiO_2\cdot 2H_3O^+(溶胶) \tag{8}$$

沉淀胶溶装置见图 2-53。

将洗净的沉淀物用一定浓度的 HNO_3 溶液直接打浆后移入三口烧瓶，控制加入的酸量以调节$[H^+]/[Ti]$值。然后在一定温度（如没有特殊说明，默认胶溶温度为 60℃）的油浴

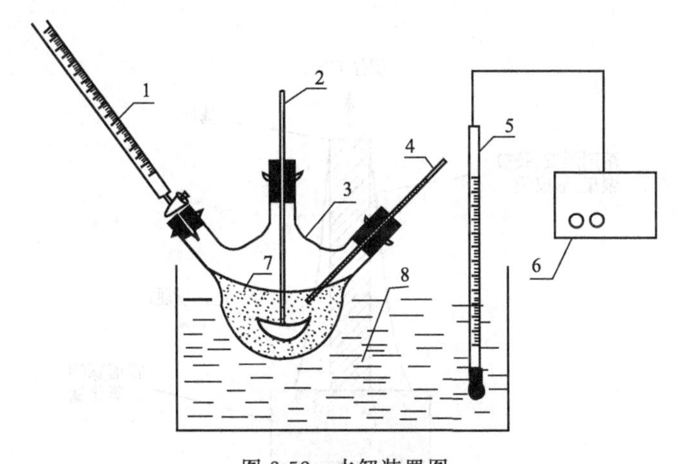

图 2-52 水解装置图

1—酸式滴定管；2—搅拌器；3—三口烧瓶；4—温度计；
5—触点式温度控制器；6—继电器；7—液相；8—油浴

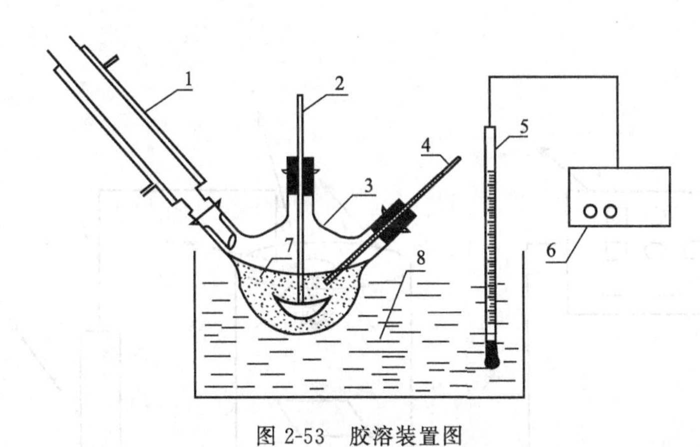

图 2-53 胶溶装置图

1—回流装置；2—搅拌器；3—三口烧瓶；4—温度计；5—触点式温度控制器；
6—控温仪；7—溶胶；8—油浴

中，高速搅拌胶溶，形成带浅蓝色调的透明溶胶。

(4) 用浸渍提拉法制备纳米 TiO_2 薄膜

薄膜形成过程如图 2-54 所示。薄膜是通过膜中溶剂蒸发、胶粒聚集、膜层收缩几个主要步骤形成的。影响薄膜结构和均匀性的因素有很多，如：溶胶的均匀性、黏度，水解缩合反应溶剂蒸发的相对速度；水解过程中形成的无机网络的结构和大小；基片表面的均一性，溶胶和基板的相互作用；提拉速度和提拉区温度、湿度变化等[6]。

所以在提拉石英玻璃片的过程中要注意提拉速度，提拉出来后用吹风机把负载在石英玻璃片上的溶胶吹干，以备进行第二次负载。

4. 纳米 TiO_2 薄膜的光催化性能研究

纳米 TiO_2 薄膜的光催化性能研究的整套实验装置如图 2-55 所示。光源为 1 支 40W 的防紫外黄光灯，峰值波长为 500nm 。开始进行实验时，先将甲醛气体缓慢地通入反应器内，待甲醛混合均匀后，在开灯前，先通过气相色谱仪监测甲醛的浓度是否变化。如果浓度保持稳定，待甲醛混合均匀 30～60min 后，开始实验。分别考察两组不同实验条件下的效果。

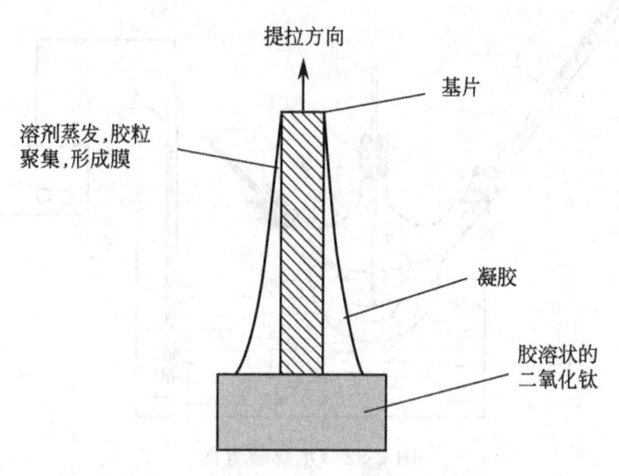

图 2-54 纳米 TiO_2 薄膜形成过程

一组为单纯光源对污染物降解的效果；另一组为纳米 TiO_2 薄膜光催化对甲醛降解的效果[7]。

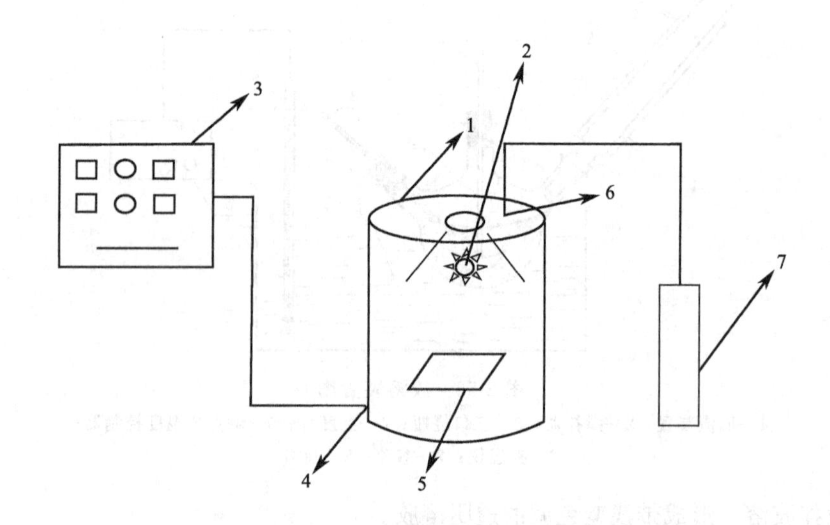

图 2-55 光催化降解甲醛装置图

1—反应器实体；2—光源；3—气相色谱仪；4—出气孔；5—石英玻璃片（共六片）；6—进气孔；7—甲醛气瓶

三、实验仪器及药品

仪器：FA2004 型数字式分析天平，LD5-10 型离心分离机，JB50-D 型增力电动搅拌机，三口烧瓶，酸式滴定管，接触式温度控制器，71 型晶体管继电器，PHS-3C 精密 pH 计，回转式管式电阻炉，干燥箱，40W 防紫外灯，40W 紫外灯，磁力搅拌器，恒温水套，避光箱，气相色谱仪，Thermo ARL SCINTAG X TRA X 射线衍射仪，钻有小孔的石英玻璃片若干，50mL 量桶和 500mL 烧杯若干等。

试剂：$Ti(SO_4)_2$，氨水，去离子水，HNO_3 溶液，甲醛分析纯气体。

四、实验步骤

1. $Ti(SO_4)_2$ 的水解

将0.1mol的$Ti(SO_4)_2$（24g）用少量去离子水溶解后倒入容量为500mL的三口烧瓶中，定容至300mL，溶液澄清透明。

在80℃的水浴温度和一定的搅拌速度（大约为110r/min）下，按一定的比例往上述溶液中加入浓度为$5mol \cdot L^{-1}$的$NH_3 \cdot H_2O$（80mL）溶液，反应很剧烈，生成大量白色沉淀。继续搅拌30min，直至反应完全。

2. 水解产物的洗涤

待水解液冷却到室温后，离心分离（离心机转速为$3000r \cdot min^{-1}$），倾去上层清液。离心分离后的白色沉淀用去离子水洗涤→离心分离，共进行4次，直至上层清液用5%的$Ba(NO_3)_2$检测不到SO_4^{2-}，这时$[SO_4^{2-}]<10^{-9}mol \cdot L^{-1}$。

3. 溶胶-凝胶

将洗净的沉淀物（取1/4）用一定浓度的HNO_3溶液直接打浆后移入三口烧瓶，控制加入的酸浓度（$0mol \cdot L^{-1}$、$0.5mol \cdot L^{-1}$、$1mol \cdot L^{-1}$、$2mol \cdot L^{-1}$、$4mol \cdot L^{-1}$、$6mol \cdot L^{-1}$）以调节$[H^+]/[Ti]=0$、0.8、1.6、3.2、6.4、9.6。然后在一定温度（如没有特殊说明，默认胶溶温度为60℃）的水浴中，高速搅拌胶溶，形成浅蓝色的透明溶胶，制得的溶胶静置48h。

4. 浸渍拉片

将洗净的石英玻璃片，干燥称重，垂直放入装有溶胶的大烧杯中进行垂直拉片，每进行完一次拉片后，将石英玻璃片用吹风机吹干后再进行拉片，制得多层厚度的薄膜。

5. 干燥和焙烧

将负载有薄膜的石英玻璃片放入烘箱中在80℃干燥24h，再将其放入管式电阻炉中在400℃下焙烧2h，升温速率为$2℃ \cdot min^{-1}$。待炉子冷却后得到纳米TiO_2薄膜，并称量涂有TiO_2薄膜石英玻璃的重量。同时我们将剩余的溶胶在相同的条件下进行干燥和焙烧，制得纳米TiO_2粉末进行XRD表征。

6. X射线衍射仪的表征

将得到的纳米TiO_2晶体放入X射线衍射仪中进行表征（CuK_α辐射，$\lambda=1.54056Å$，扫描范围$2\theta=20°\sim80°$，扫描步速为0.02°/s），本步骤由老师完成，根据表征的结果计算制备的纳米TiO_2晶体的平均粒径和相组成。

7. 光催化降解甲醛

按照光催化降解甲醛的装置示意图搭建好仪器，再将甲醛气体缓缓地通入反应器内，通过气相色谱仪（气相色谱仪的使用请参考说明书或相关参考书[8]）在线监测甲醛浓度变化。待降解物混合均匀后进行光催化反应，打开光源（灯）前，记录初始浓度和温度数据。如果初始浓度变化十分大，则认为有漏气现象发生，此次实验失败。打开实验舱检查门，放掉通入的甲醛气体，强制通风一段时间后，认为反应器内的空气已和环境空气一致时，准备下一次实验；如果初始浓度保持稳定，待降解物混合均匀30～60min后，打开光源，开始实验，同时记录反应时间、温度和浓度。分别进行两组实验。一组为单纯的光源对甲醛降解的效果；另一组为光催化对甲醛降解的效果；比较结果，以观察纯光催化的降解效果。在实验过程中，若无特殊说明，记录实验数据的时间间隔为2min。

五、数据记录与处理

1. 将得到的纳米TiO_2晶体放入X射线衍射仪中进行表征，根据表征的结果计算制备的纳米TiO_2晶体的平均粒径和相组成。

2. 根据石英玻璃片负载薄膜前后的质量变化，计算出负载在石英玻璃片上的薄膜厚度。

3. 记录没有放入负载有薄膜的石英玻璃片时，反应器中甲醛浓度随时间的变化数据，并画出甲醛浓度随时间变化的关系曲线；记录放入负载有薄膜的石英玻璃片时，反应器中甲醛浓度随时间的变化数据，并画出甲醛浓度随时间变化的关系曲线。

4. 当我们把反应器中的紫外灯换为防紫外灯后，重复过程3，并对比在两组不同光源的照射下，甲醛浓度的降解效果。

六、思考题

根据实验结果，并通过查阅相关的文献和书籍回答下列思考题。

1. 气相色谱仪的分析原理？气相色谱仪是如何对被分析的物质进行定性和定量分析的？

2. 常用的制备胶体的方法有哪些？与其他制备纳米 TiO_2 方法相比较，用溶胶-凝胶法制备纳米 TiO_2 的优点是什么？

3. H^+ 在胶溶 $Ti(OH)_4$ 沉淀过程中的作用和机理是什么？

4. 在制备纳米 TiO_2 过程中，焙烧的作用是什么？焙烧过程和焙烧温度如何影响纳米 TiO_2 晶型和晶粒大小？

5. 有哪些因素会影响石英玻璃片负载薄膜的质量？还有哪些方法可以用于在石英玻璃片上成膜？

6. 比较温度对光化学反应和热反应的影响。

7. 在我们的实验中，如果要计算光量子效率，还需要测量哪些数据？请设计一套可测量光量子效率的实验装置？

8. 在光催化性能的测试实验中，不同的光源对反应的影响不同，根据实验结果，比较哪种光源的对光催化降解的效果更好，为什么？

参　考　文　献

[1] 高濂，郑珊，张青红编著．纳米氧化钛光催化材料及应用．北京：化学工业出版社，2002：12.

[2] 卞飞荣．氮掺杂可见光响应型纳米 TiO_2 的制备及光催化性能研究．杭州：浙江工业大学，2007.

[3] 吕德义，卞飞荣，许可，郑遗凡，李小年．胶溶-水热晶化过程中 TiO_2 晶粒聚集机理及形貌的研究．无机材料学报，2007，22 (1)：59～64.

[4] 唐浩东，肖莎，吕德义，卞飞荣，许可，郑遗凡，刘化章，李小年．胶溶-水热晶化过程中纳米 TiO_2 相稳定性研究．无机化学学报，2007，23 (3)：494～498.

[5] 许可．胶溶-水热晶化过程中纳米 TiO_2 相变行为及晶粒生长的研究．杭州：浙江工业大学，2005.

[6] 余红华．纳米 TiO_2 的制备，等离子体改性及其性能研究．广州：华南师范大学，2003.

[7] 王伟．光催化技术在室内污染控制中的应用研究．北京：北京工业大学，2004.

[8] 李浩春，卢佩章编著．气相色谱法．北京：科学出版社，1993.

实验十六　费-托合成铁系催化剂活性评价

一、实验目的

1. 了解实验室评价催化剂的方法。

2. 掌握催化剂评价中温度、压力、流量等仪器控制方法及原理。

3. 掌握催化剂各项性能指标的计算。

4. 学会通过文献查阅制定合理的实验方案。

二、实验背景

固定床催化剂反应评价装置由于催化剂用量少、重现性好、实验装置简洁，是高校科研中使用最为广泛的催化剂评价装置。一般催化剂反应评价装置由气源、控制器、反应器、检测器构成，具体装置见图2-56。本实验所用的高压催化剂评价装置是一个催化反应的通用装置，一般的高压、常压、高温、常温、多相反应都可以在此装置上进行，集催化剂评价，反应动力学研究，常见气体物相分析，各种控温、控压、控流量等技术为一体的装置。可广泛地应用于石油化工、化工化学、生物医药及纳米催化剂研究等领域的科研与教学。本实验中使用的各种装置都配有使用说明和操作规程，使用前必须事先阅读仪器的使用说明和注意事项，并按照其操作规程进行操作。

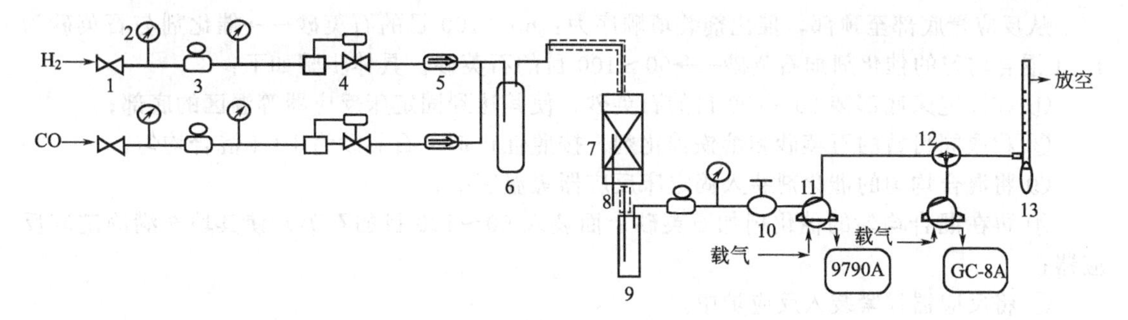

图 2-56　催化剂活性评价装置

1—截止阀；2—压力表；3—稳压器；4—质量流量计；5—单向阀；6—混合罐；7—反应器；8—电热带；9—气液分离器（热阱＋冷阱）；10—背压阀；11—六通阀；12—三通阀；13—皂沫流量计

1923 年由德国科学家 F. Fischer 和 H. Tropsch 将合成气经过催化剂作用转化为液态烃的方法，简称费-托合成。费-托合成涉及到许多反应，主反应包括烷烃及烯烃的生成、水煤气变换反应（the water gas shift reaction，简称为 WGS），副反应包括合成醇反应、催化剂的氧化/还原、金属碳化物的生成、Boudouard 歧化反应等。费-托合成最显著的特征是产物分布宽（包括 $C_1 \sim C_{200}$ 不同的烷、烯烃的混合物及含氧化合物等），单一产物的选择性低。在工业操作条件下，只有 Fe 和 Co 是可能应用的催化剂，本实验采用铁催化剂。具体的有关费-托合成的情况可以阅读实验中列出的参考文献，也可以在图书馆以费-托合成为主题进行检索。

三、实验提示

实验首先需要了解催化剂评价装置及设备中温度、压力、流量等仪器控制方法及原理，一般这些设备都有使用说明书，可以根据使用说明和实验经验先建立设备操作步骤和使用注意要点。只有保证催化剂评价装置的正常使用，才能保证实验数据的准确性。

然后必须查阅文献，了解熔铁催化剂费-托合成评价的注意要点和实际操作步骤，建立详细的实验方案，与指导教师讨论后建立合理的实验操作方案。尤其是实验中产物的分析必须根据现有的实验条件建立实验方案，尤其对色谱分析的条件必须详尽细致。经过实验需要得到的实验数据也需要进行规划：第一，需要保证得到的实验数据可靠，这可以通过建立合理的实验方案来保证；第二，需要规划在实验中需要测定哪些实验数据，以保证最后实验数据处理时不缺数据。同时需要建立备用方案来解决实验中可能遇到的困难和问题。参考文献中列出了与本实验相关的几篇文献，可供参考。

最后的实验数据处理需要：一是对实验数据是否正确的检验；二是得到催化剂活性性能数据以评价催化剂优劣。

四、实验步骤

1. 实验准备

（1）校正质量流量计；

（2）校正热电偶；

（3）测定反应器等温区；

(4) 程序升温仪自诊定；

(5) 系统检漏。

2. 催化剂评价

(1) 催化剂的装填

从反应管底部至顶部，催化剂装填顺序为：60～100 目的石英砂⟶催化剂与石英砂为 1∶1 混合均匀的催化剂加石英砂⟶60～100 目的石英砂。具体步骤如下：

① 在固定床底部装 60～100 目的石英砂，使其达到固定床反应器等温区的底部；

② 称取同目数的石英砂和熔铁催化剂，按照催化剂∶石英砂为 1∶1 混合均匀；

③ 将混合均匀的催化剂装入固定床反应器等温区中；

④ 再在混合均匀的催化剂加石英砂上面装入 60～100 目的石英砂使其填充满固定床反应器；

⑤ 将反应器拧紧装入反应炉中。

(2) 检漏

① 用氮气检漏，一般检漏时体系的压力应高于正常反应压力；

② 用肥皂泡检查各个接口部分是否漏气，如发现漏气，卸调压力，检查并拧紧漏气处接口，重新检漏；

③ 稳定 1h 左右，压力没有明显变化即可进行还原。

(3) 催化剂还原

① 用氢气还原熔铁催化剂；

② 温度为 673～773K，压力小于 1.0MPa，氢气空速为 $10000h^{-1}$；

③ 程序升温还原 25h，冷却至室温。

(4) 反应前期

① 用氢气将反应系统压力升至 1.5～2.0MPa，将气体切换成合成气；

② 调节程序升温仪，将温度缓慢调节至 250～320℃；

③ 稳定 6h；

④ 将冷阱和热阱中收集的产物用具塞锥形瓶收集，并准确称量，此时收集的产物称为反应前期产物。

(5) 反应期

① 待压力稳定后记录反应时间，作为反应开始时间；

② 打开色谱，测定尾气中 CO、CO_2、C_1～C_7 气态烃的浓度；

③ 反应 6h；

④ 将冷阱和热阱中收集的产物用具塞锥形瓶收集，准确称量并记录，将产物分液，准确称量并记录油相、水相、固体的量。

(6) 停止反应

关闭气源，将温控仪调节至停止，卸压，待反应器冷却至室温时取出催化剂备用。

3. 产物分析

在色谱中分析收集的油相产物和水相产物。

4. 数据处理

(1) 计算 CO 转化率，计算 CH_4、CO_2 转化率；

(2) 计算各烃的选择性和分布，计算 C_{1+}、C_{5+} 收率，H_2/CO 利用比，链增长因子，碳平衡。

五、思考题

1. 质量流量计的使用需要注意什么问题？如何校正？

2. 热电偶为何需要预先校正，如何校正？在实验中为何要用测温、控温两根热电偶？

3. 稳压阀和背压阀在使用上的区别是什么？使用稳压阀、背压阀调节系统压力时应如何操作？

4. 如何测定等温区？

5. 催化剂和石英砂混装的目的是什么？

6. 催化剂为何在反应前需要还原？为何反应开始后需要稳定6h？

7. 反应生成的各种产物如何定性、定量？

六、参考文献

[1] 杨霞珍．熔铁催化剂费托合成研究．杭州：浙江工业大学，2007.

[2] 代小平，余长春，沈师孔．费-托合成制液态烃研究进展［J］．化学进展，2000，12（3）：268～281.

[3] Maitlis P M. Commentary review：Metal catalysed CO hydrogenation：hetero- or homo-，what is the difference?［J］．Journal of Molecular Catalysis A：Chemical，2003：204～205（55～62）．

[4] ［德］W 凯．C1 化学中的催化［J］．黄仲涛译．北京：化学工业出版社，1989：49.

[5] Dry M E，Anderson J R，Boudart M. Catalysis Science and Technology，Vol 1［J］．1981：159～255.

[6] Dry M E，Oosthuizen G J. The correlation between catalyst surface basicity and hydrocarbon selectivity in the Fischer-Tropsch synthesis［J］．J Catal，1968，11：18～24.

附件：

产物分析

反应产物由福立9790A和日本岛津GC-8A型气相色谱仪进行分析。气相产物由福立9790A色谱在线分析，用热导检测器（TCD）和TDX-1填充柱分析CO、Ar、CH_4、CO_2和H_2，用氢火焰检测器（FID）和Al_2O_3毛细管柱分析C_1～C_6气态烃。收集的液相产物采用离线分析，油相用福立9790A和OV101毛细管柱测定，水相在日本岛津GC-8A型气相色谱仪上用氢火焰检测器（FID）和GDX104分析。

CO转化率、CH_4选择性、CO_2选择性用内标法或外标法定量，内标法用Ar作为内标气；油相产物用面积归一化法定量；氢气和水相中有机含氧化合物由外标法定量。烃产物的选择性用各自的方法经校正因子校正后，再将气相产物和液相产物归一化得到。所有反应的碳平衡和氧平衡维持在95%±5%左右。

反应性能指标的计算

费-托合成反应中，CO转化率、（$CO+H_2$）转化率、H_2/CO利用比、各烃的选择性和分布及C_{1+}、C_{5+}收率是评价催化剂性能的主要指标，计算公式如下：

空速

$$SV=\frac{F_{in}}{V_{cat}}\ (h^{-1})$$

式中，F_{in}表示进口气体体积流量，mL/h，由MFC计量；V_{cat}表示催化剂所占的体积，mL。

CO转化率

$$X_{CO}=\frac{F_{in}Y_{CO(in)}-F_{out}KY_{CO(out)}}{F_{in}Y_{CO(in)}}\times 100\%$$

式中，F_{in}表示进口气体体积流量，mL/min，由MFC计量；F_{out}表示尾气体积流量，由皂沫流量计计量；$Y_{CO(in)}$表示进口气体中CO体积分数；$Y_{CO(out)}$表示尾气中CO体积分数；K为皂沫流量计体积校正系数

$$k=\frac{p-p_W}{760\times\left(1+\frac{T}{273}\right)}$$

式中，p 为大气压，mmHg；T 为室温；p_W 为室温 T 下水的饱和蒸气压。

H_2 转化率

$$X_{H_2}=\frac{F_{in}Y_{H_2(in)}-F_{out}KY_{H_2(out)}}{F_{in}Y_{H_2(in)}}\times 100\%$$

式中，$Y_{H_2(in)}$ 表示进口气体中 H_2 体积分数；$Y_{H_2(out)}$ 表示尾气中 H_2 体积分数。

（$CO+H_2$）转化率

$$X_{CO+H_2}=\frac{F_{in}Y_{CO(in)}X_{CO}+F_{in}Y_{H_2(in)}X_{H_2}}{F_{in}Y_{CO(in)}+F_{in}Y_{H_2(in)}}\times 100\%$$

H_2/CO 利用比

$$H_2/CO_{UR}=\frac{F_{in}Y_{H_2(in)}X_{H_2}}{F_{in}Y_{CO(in)}X_{CO}}$$

各烃的选择性

$$S_i=\frac{N_i}{\sum_1^n N_i}\times 100\%$$

式中，N_i 表示在物料平衡期生成碳数为 i 的烃的质量，g；S_i 表示物料平衡期生成碳数为 i 的烃在总烃中的质量分数，%。

C_2～C_4 烃的烯/烷比

$$\frac{n(C_2^=\sim C_4^=)}{n(C_2^0\sim C_4^0)}=\frac{Y_{C_2H_4}+Y_{C_3H_6}+Y_{C_4H_8}}{Y_{C_2H_6}+Y_{C_3H_8}+Y_{C_4H_{10}}}$$

式中，Y_i（i 为乙烯～丁烷）表示尾气中 i 组分的体积分数。

链增长因子

链增长因子 α 由根据 Schulz-Flory 分布推导出的以下公式计算：

$$\ln\frac{w_n}{n}=n\ln\alpha+2\ln\frac{1-\alpha}{\sqrt{\alpha}}$$

式中，n 为烃的碳原子数；w_n 为碳数为 n 的产物的质量分数；α 为链增长因子。

C_{1+} 收率

$$Y_{C_{1+}}=\frac{C_1\text{ 以上的烃的克数}}{1m^3\text{ 合成气（STP）}}\ (g\cdot m^{-3})$$

C_{5+} 收率

$$Y_{C_{5+}}=\frac{C_5\text{ 以上的烃的克数}}{1m^3\text{ 合成气（STP）}}\ (g\cdot cm^{-3})$$

附　录

附录一　基本测量技术

温度测量技术

温度是表征体系中物质内部大量分子、原子平均动能的一个宏观物理量。物体温度的升高或降低，标志着物体内部分子、原子平均动能的增加或减少，直至达到热平衡，此时两者的温度相等。所以，温度是确定物体状态的一个基本参量。物质的物理化学特性无不与温度有着密切的关系。因此，准确测量和控制温度在科学实验中十分重要。现简要介绍温标、测温方法以及一些常用的温度计。

一、温标

温标可以说是温度量值的表示方法，确立一种温标要包括以下三个方面：

(1) 选择测温仪器。有些物质具有某种与温度有着依赖关系而且能严格复现的物理性质，诸如体积、电阻、温差电势以及辐射电磁波的波长等。这样的物质原则上都可以用来作为测温物质，利用它们的特性可以设计制成各类测温仪器，通常称之为温度计。

(2) 确定固定点。温度计只能通过测温物质的某种物理特性显示温度的相对变化，其绝对值要用其他方法来标定。通常是在一定条件下，以某些高纯物质的相变温度作为温标的基准点，习惯上称为固定点。

(3) 划分温度值。在固定点之间的分度都采取内插法，例如，摄氏温度就是在水的正常沸点和冰点之间将水银温度计 100 等分。

下面分别介绍三种温标。

1. 热力学温标

亦称开尔文温标，它是建立在卡诺循环基础上的一种理想的科学温标。设理想热机在 T_1 和 T_2（$T_1>T_2$）温度之间工作，工作物质在温度 T_1 吸热 Q_1，在温度 T_2 放热 Q_2，经过一个可逆循环，对外做功 $W=|Q_1|-|Q_2|$。热机效率 η 为：

$$\eta=1-\frac{|Q_1|}{|Q_2|}=1-\frac{T_2}{T_1}$$

在卡诺循环中，温度 T_1 和 T_2 仅与热量 Q_1 和 Q_2 有关，与工作物质的性质无关。若规定一个固定的温度 T_1，则另一个温度 T_2 可由下式求得：

$$T_2=\frac{|Q_2|}{|Q_1|}\times T_1 \tag{1}$$

开尔文建议用此原理来定义温标，就称为热力学温标。对应于热力学温标的温度是热力学温度，亦称开尔文温度。

热力学温标是一个纯理论性温标，卡诺循环在自然界并不能实现，所以要寻找一个能实现的温标。因为理想气体在定容下的压力（或定压下的体积）与开尔文温度成严格的线性函数关系。因此现在国际上选定气体温度计用来实现热力学温标。氦、氢、氮等气体，在温度较高、压力不太大的条件下，其行为接近于理想气体。所以，这种气体温度计的读数可以校正成热力学温度。在原则上，其他的温度计都可以用气体温度计来标定，使温度计的校正读数与热力学温标相一致。

热力学温标用单一固定点来定义，规定“热力学温度单位开尔文是水三相点热力学温度的 1/273.16”。热力学温度的符号为 T，单位符号是 K，水的三相点即以 273.16K 表示。

2. 摄氏温标

摄氏温标使用较早，应用方便。它是以水银温度计来测定纯水的相变点，规定在 1 大气压下，水的冰点为 0 度，沸点为 100 度，在这两点之间划分为 100 等分，每等分代表 1 度，以℃表示，摄氏温度的符号为 t。

水三相点的热力学温度本来可以任意选取的，但是为了和人们过去的习惯相符合，选择水三相点的热力学温度为 273.16K，使得水沸点和冰点之间的温差仍然保持 100 度。这样定义的热力学温标与习惯使用的摄氏温标之间只相差一个常数。所以摄氏温标也可以定义为：

$$t = T - 273.15\text{K} \tag{2}$$

根据这个定义，开尔文温度与摄氏温度的分度值相同，因此温度差可以用 K 表示，也可以用℃表示。

在实际工作中，按照习惯，通常在 0℃以下采用开尔文温标，而在 0℃以上用摄氏温度。

3. 国际实用温标

由于气体温度计的装置十分复杂，使用不方便，为了更好地统一国际间的温度量值，在 1927 年召开的国际权度大会上决定采用“国际温标”，国际温标是热力学温标的具体体现，是根据热力学温标而制定的。国际温标应该尽可能接近热力学温标。随着科学技术的发展，测量精确度的日益提高，温标常须进行修订。现在采用的是《1968 年国际实用温标 1975 年修订版》。

国际实用温标是以一些可复现的平衡态（定义固定点）的指定值以及在这些温度点上分度的标准仪器作为基础的。

(1) 固定点。1968 年国际实用温标（IPIS—68）定义的固定点见附表 1。

附表 1　IPIS—68 定义的固定点

平衡状态	国际实用温标指定值	
	T/K	t/℃
平衡氢三相点,固、液、气	13.81	−259.34
平衡氢液态、气态在 33330.6N/m²(25/76 标准大气压)压力下的平衡	17.042	−256.108
平衡氢沸点,液、气	20.28	−252.87
氖沸点,液、气	27.102	−246.048
氧三相点,固、液、气	54.361	−218.789
氧沸点,液、气	90.188	−182.962
水三相点,固、液、气	273.16	0.01
水沸点,液、气	373.15	100
锌凝固点,固、液	692.73	419.58
银凝固点,固、液	1235.08	961.93
金凝固点,固、液	1337.58	1064.43

除此之外，还规定了一些参考点，称为第二类参考点，其中部分数据列于附表2。

附表2　IPIS—68规定的第二类参考点（部分）

平衡状态	国际实用温标	
	T/K	t/℃
正常氢三相点，固、液、气	13.956	−259.194
二氧化碳升华点，固、气	194.674	−78.476
汞凝固点，固、液	234.288	−38.862
冰点，固、液	273.15	0
苯甲酸三相点，固、液、气	395.52	122.37
铟凝固点，固、液	429.784	156.634
铋凝固点，固、液	544.592	271.442
镉凝固点，固、液	594.258	321.108
铅凝固点，固、液	600.652	327.502
硫沸点，液、气	717.824	444.674
锑凝固点，固、液	903.89	630.74
铝凝固点，固、液	933.52	660.37
铜凝固点，固、液	1357.65	1084.5
钯凝固点，固、液	1827.15	1554
铂凝固点，固、液	2045.15	1772
铑凝固点，固、液	2236.15	1963
钨凝固点，固、液	3660.15	3387

（2）温度计。国际实用温标规定，从低温到高温划分为四个温区，在各温区分别选用一个高度稳定的标准温度计来度量各固定点间的温度值。这四个温度区及相应的标准温度计如下：

温度范围	标准温度计
−259.34～0℃	铂电阻温度计
0～630.74℃	铂电阻温度计
630.74～1064.43℃	铂铑(10%)-铂热电偶
1064.43℃以上	光学高温计

（3）分度法。由于标准温度计的特性变化与温度的变化并非成简单线性关系，因此固定点之间的温度值采用一些比较严格的内插公式求得，力求与热力学温标相一致。详细计算方法可参见专门论述。

二、温度计

1. 分类

温度计的种类、型号多种多样，一般可按测温的物理特性或测量温度的方式分类。利用物质的体积、电阻、热电势等物理性质与温度之间的函数关系制成的温度计，通常都是接触式温度计，测温时必须将温度计触及被测体系，使温度计与体系达成热平衡，那么两者的温度相等。这样由测温物质的特定物理参数就可换算出体系的温度值，也可将物理参数值直接转换成温度值来表示。常用的水银温度计就是根据水银的体积直接在玻璃管上刻以温度值的，铂电阻温度计和常见的热电偶温度计则分别利用其电阻和温差电势来指示温度。

附表 3　不同温度范围内常用的温度计

温度计		使用范围/℃	优　点	缺　点
液体膨胀温度计	(1)水银温度计(普通)	－30～300	使用简便,不需其他附件	量程短,准确到约0.1℃,易打碎
	(2)水银温度计(硬质玻璃,充气)	－30～600	使用简便,不需其他附件	高温时准确度低
	(3)酒精温度计	－110～50	使用简便,不需其他附件	准确度低
	(4)戊烷温度计	－190～20	使用简便,不需其他附件	准确度低
热电偶	(1)铜-考铜	－250～300	热电势较大(约 $40\mu V$/℃)	＞300℃容易变质,经常要标定
	(2)镍铬-镍铝	－200～1100	瞬时内可使用到 1300℃	经常要标定
	(3)铂-铂铑	－100～1500	稳定性和重现性佳,瞬时内可使用到 1700℃	价贵,热电势较小($4\sim12\mu V$/℃)
电阻温度计	(1)铂	－260～1100	灵敏,准确度高,适用于精密温度测量和控制	设备建立费用较大,体积大
	(2)碳	－271～－250		在－250℃时灵敏度较差
	(3)锗	－271～－240	在－250℃以下比碳有较好的灵敏度	
热敏电阻		0～100 或以上	灵敏,体积小,响应速度快,适用于测量小的温差和温度控制	非线性标定,稳定性差,要经常标定
气体温度计		110～1550(N_2) 0～110(H_2) －260～0(He)	量程宽,线性佳,是重现热力学温标的基准温度计,故专作标定用	球容量较大,使用不方便
蒸气压温度计		－272～－173	灵敏,简便	比液体测温物质的量程短
磁温度计		－260 以下低温		
辐射高温计	(1)灯丝式光学高温计	800～＞2000	非接触式,高于铂热电偶使用范围,准确度为±5℃	标定困难,操作烦琐,辐射发射率要经常校正
	(2)全辐射式光学高温计	800～＞2000	非接触式,坚固,直接读数,能用于自动记录	
	(3)光电温度计	150～1600	非接触式,灵敏、快速、可变换为0～10mA 的电参量输出,进行自动记录、控制	对被测对象的辐射系数要进行校核

利用电磁辐射的波长分布或强度变化与温度间的函数关系制成的温度计是非接触型的。全辐射式光学高温计、光丝高温计和红外光电温度计都属于这一类。这一类温度计的特点是：不干扰被测体系，没有滞后现象，但测温精度较差。

附表 3 列出在不同温度范围内常用的测温方法及其主要优缺点。根据测温范围与要求，可从表中选择最合适的测温方法。

2. 水银温度计

(1) 概述

水银温度计是最常用的温度计，它是液体温度计中最主要的一类。它的测温物质是水银，盛在一根下端带有玻璃球的均匀毛细管中，上端抽成真空或充以某种气体。温度的变化就表现为水银体积的变化，故水银的体积变化可用长度变化来表示，在毛细管上就直接标出温度值来。

水银温度计的优点是构造简单，读数方便，在相当大的温度范围内水银体积随温度的变化接近于线性关系。

按其刻度标法和量程范围不同，水银温度计可分以下几种：

① 常用的刻度以1℃为间隔，量程范围有0～100℃、0～250℃、0～360℃等。

② 由多支温度计配套而成，刻度以0.1℃为间隔，每一支量程为50℃，交叉组成量程范围为−10～400℃。

③ 作为量热计的测温附件有18～28℃，刻度间隔0.01℃；或17～31℃，间隔为0.02℃。

④ 贝克曼温度计，刻至0.01℃，量程范围仅为5～6℃，但其测温上限或下限可根据测温要求随意调节。

⑤ 高温水银温度计，用特硬玻璃或石英作管壁，其中充以氮或氩，最高可测至750℃。

(2) 使用注意事项

① 全浸式水银温度计，使用时应全部浸入被测体系中，如附图1所示。要在到达热平衡后，毛细管中水银柱面不再移动，方能读数。为校正视差，在精密测量中可用测高仪。

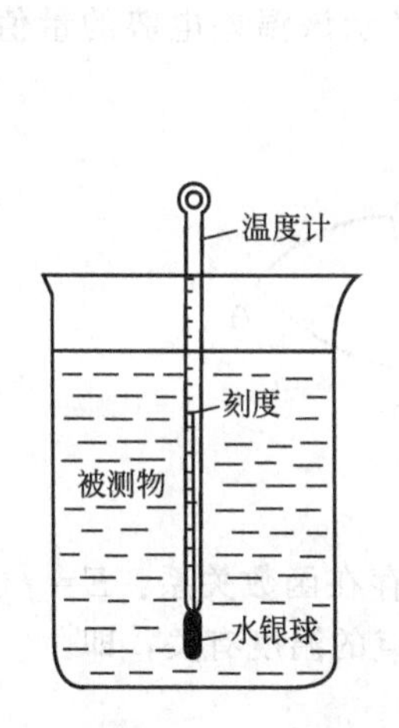

附图1 水银温度计的构造与使用

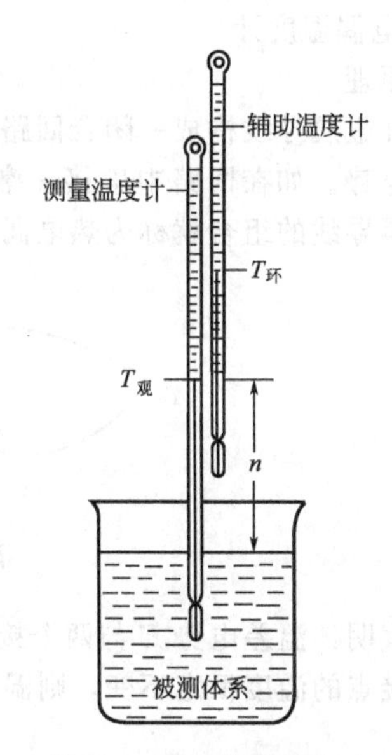

附图2 温度计露颈校正

② 使用精密温度计时，读数前需轻轻敲击水银面附近的玻壁，这样可以防止水银在管壁上黏附。

(3) 水银温度计的校正

实验使用水银温度计时，为消除系统误差，读数需进行校正。引起误差的主要原因和校正方法如下：

① 零点校正。由于水银温度计下部玻璃的体积可能会有所改变，所以水银读数将与真实值不符，因此必须校正零点。校正方法为可以把它与标准温度计进行比较，也可以用纯物质的相变点标定校正。

② 露颈校正。全浸式水银温度计如不能全部浸没在被测体系中，则因露出部分与被测体系温度不同，必然存在读数误差，必须予以校正。这种校正称为露颈校正，校正方法如附图2所示。校正值按下式计算：

$$\Delta T_{露颈}=Kn\ (T_{观}-T_{环}) \tag{3}$$

式中，$K=0.00016$，是水银对玻璃的相对膨胀系数；n 为露出被测体系之外的水银柱长度，称露颈高度，以温度差值表示；$T_{观}$ 为测量温度计上的读数；$T_{环}$ 为环境温度，可用一支辅助温度计读出，其水银球置于测量温度计露颈的中部。

算出的 $\Delta T_{露颈}$（注意正、负值）加在 $T_{观}$ 上即为校正后的数值：

$$T_{真实}=T_{观}+\Delta T_{露颈} \tag{4}$$

③ 其他因素的校正。在实际测量中，被测物的温度可能是随着时间改变的。这样，温度计与被测物间就不可能建立一个真正严格的热平衡。但如果被测物的温度变化慢于达成热平衡所需的时间，我们仍可以认为温度计上的读数反映了被测物的温度。但由于温度计中的水银柱升降总滞后于被测物的温度变化，因此在读数值与真实值之间有一差值存在，称迟缓误差。关于它的校正计算，可参阅温度测量有关专著。

此外，测量时辐射能的影响也会引起误差，故应避免太阳光线、热辐射、高频场等直射于温度计上。

3. 热电偶温度计

(1) 原理

将两种金属导线构成一闭合回路，如果两个连接点的温度不同，就会产生一个电动势，称为温差电势。如在回路中串接一毫伏表，则可粗略地显示该温差电势的量值（附图 3）。这一对金属导线的组合就称为热电偶温度计，简称热电偶。

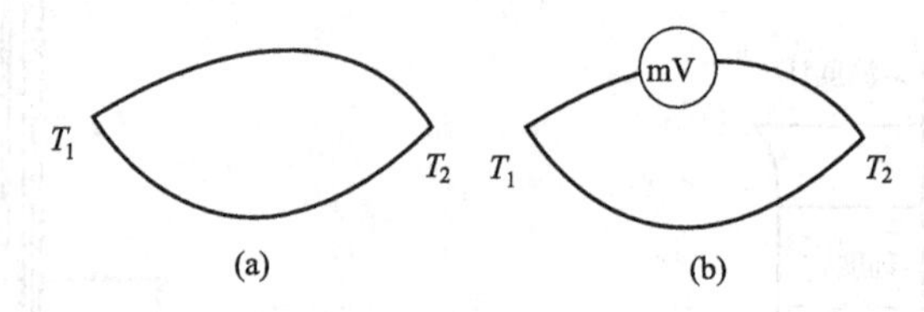

附图 3　热电偶示意图

实验表明：温差电势 E 与两个接点的温度差 ΔT 之间存在函数关系：$E=f(\Delta T)$。如其中的一个接点的温度恒定不变，则温差电势只与另一个接点的温度有关，即：

$$E=f(T)$$

(2) 特点

热电偶作为测温元件有许多优点：

① 灵敏度高。如铜-考铜热电偶的灵敏度可达 $40\mu V \cdot ℃^{-1}$，镍铬-考铜热电偶的灵敏度更可达 $70\mu V \cdot ℃^{-1}$。用精密的电位差计测量，通常均可达 0.01℃的精度。如将热电偶串联起来组成热电堆（附图 4），则其温差电势是单个热电偶电势的加和，灵敏度可达 0.0001℃。

② 复现性好。热电偶制作后，经过精密的热处理，其温差电势-温度函数关系是极好的。由固定点标定后，可长期使用。常用作温度标准传递过程中的标准量具。

③ 量程宽。热电偶与玻璃体温度计不同，后者是通过体积的变化来显示温度值的，因此单支温度计的量程不可能做得很宽，但热电偶仅受其材质适用范围的限制，其精确度由所选用的电压测量仪器决定。

④ 非电量变换。温度这个参量在近代科学实验技术中不仅要求将它直接显示出来，而

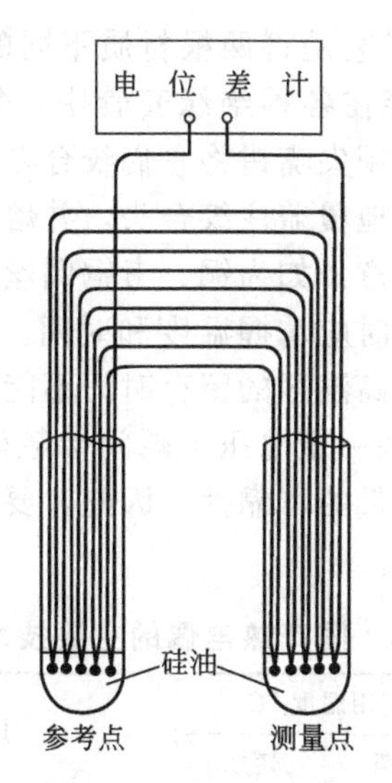

附图 4　热电堆示意图

且在许多场合下还要求能实现自动记录和进行更为复杂的数据处理、控制，这就需要首先将这个非电参量变换为电参量，热电偶就是一种比较理想的温度变换器。

(3) 热电偶的种类

热电偶的种类繁多，各有其优缺点，除了附表 3 所介绍的数种外，附表 4 中所列出的是几种国产商品热电偶的技术规范。

这里还值得推荐的是已成为商品的各种铠装型热电偶，其外面套以耐酸不锈钢管，内部用熔融氧化镁绝缘（见附图 5），它具有能弯曲、耐高压、时间常数短（<5s）、外径小（1～8mm）等特殊优点。便于安插在测温系统的特殊部位，所以获得日益普遍的应用。

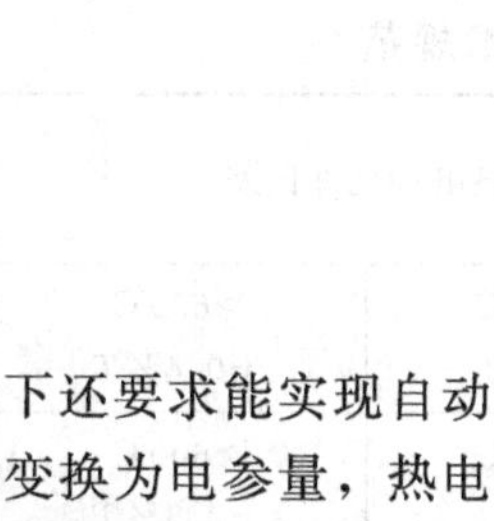

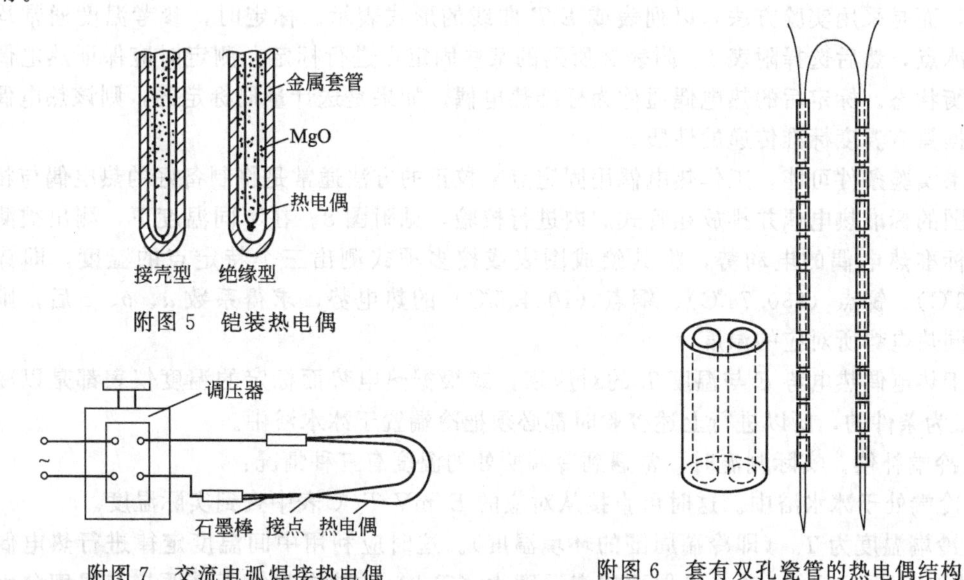

附图 5　铠装热电偶

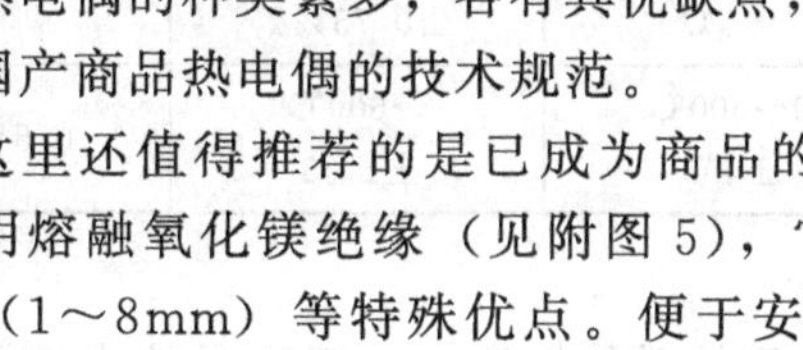

附图 7　交流电弧焊接热电偶

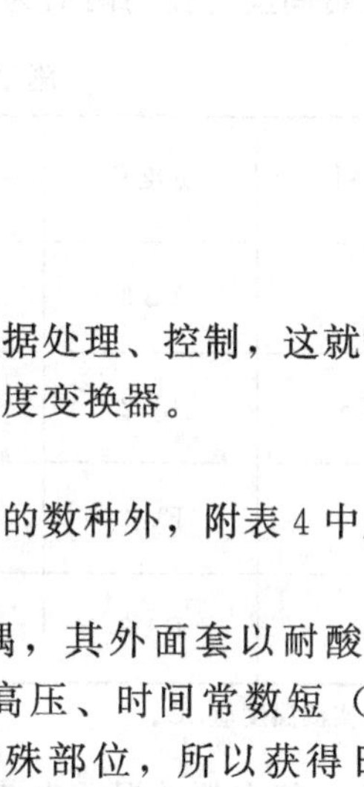

附图 6　套有双孔瓷管的热电偶结构

(4) 热电偶的制作、检验和冷端补偿

除了商品型的热电偶外，实验室用热电偶和热电堆经常要按实验要求自行设计、制作。

① 焊接。热电偶的主要制作工艺是将两根材质不同的偶丝焊接在一起。如果是裸露的偶丝，为了绝缘起见，须先将它穿在各种绝缘套管中，然后焊接，见附图 6。焊接工艺如下：清除两根偶丝端部的氧化层，用尖嘴钳将它们绞合在一起，微微加热，立即蘸以少许硼砂，再在热源上加热，使硼砂均匀地覆盖住绞合头，并熔成小珠状。这样可以防止下一步高温焊接时偶丝金属的氧化。必须注意：如为铜、考铜偶丝，应在还原焰中焊接；如为铂、铂铑偶丝，应在氧化焰中焊接。焊接时应掌握温度和时间，务必使绞合头部熔融成滴状为准。如为电弧，因温度极高，绞合头在高温区的留存时间不能太长，一瞬即成。电弧焊接见附图 7，将小球状接点与石墨棒的端点在一定电压下瞬间接触而产生电弧，把接点熔成金属小珠状。接点焊接的质量直接影响到测量的可靠性。因此，要求焊点圆滑且无裂纹和焊渣，其直径以约为金属偶丝直径的两倍为宜。

附表 4　国产热电偶的主要技术规范

热电偶类别	分度号	使用温度/℃		热电势允许偏差		偶丝直径/mm
		长期	短期			
铂铑 10-铂	LB-3	1300	1600	0～600℃ ±2.4℃	>600℃ ±0.4%T	0.4～0.5
铂铑 30-铂铑 6	LL-2	1600	1800	0～600℃ ±3℃	>600℃ ±0.5%T	0.5
镍铬-镍硅	EU-2	1000	1300	0～600℃ ±4℃	>600℃ ±0.75%T	0.5～2.5
镍铬-考铜	EA-2	600	800	0～600℃ ±4℃	>600℃ ±1%T	0.5～2

注：T 为实测温度值，℃。

② 校正。热电偶的温差电势值 E 与温度值 T 之间关系的标定，一般不是按内插公式进行计算，而是采用实验方法，以列表或 E-T 曲线的形式表示。标定时，参考温度通常均采用水的冰点，然后选择附表 1、附表 2 所列的某些固定点进行标定。测定时应保证热电偶处于热平衡状态。标定后的热电偶通称为标准热电偶。如果是送计量局标定的，则该热电偶的标定数据具有温度标准传递的性质。

如果实验条件可能，工作热电偶用固定点来校正的方法通常是将制备好的热电偶与相应测温范围的标准热电偶并排放在管式炉内进行校验，见附图 8。在不同温度下，测出被测热电偶与标准热电偶的电动势，将其绘成图表或按多项式测出三个特定点的温度，即锌点（419.58℃）、锑点（630.74℃）、铜点（1084.5℃）的热电势，求得系数 a、b、c 后，则可计算不同热电势所对应的温度。

由于热电偶热电势 E 与温度 T 的对应表，或根据热电势而标定的温度仪表都是以冷端 $T_0=0$℃为条件的，所以进行上述校验时都必须把冷端置于冰水浴中。

③ 冷端补偿。实际测温时，常遇到冷端所处的温度有三种情况：

a. 冷端处于冰水浴中。这时可直接从对应的 E/mV-T/℃表中查到实际温度。

b. 冷端温度为 T_0（即冷端周围的环境温度）。这时应利用中间温度定律进行热电偶补偿。根据中间温度定律："热电偶两接点温度为（T,0）的热电势等于其两接点温度分别为（T,T_n）和（T_n,0）的热电势的代数和。"T_n 在此即为中间温度。即

$$E(T,T_n)=E(T,0)-E(T_n,0) \tag{5}$$

若 $T_n>0$，$E(T_n,0)$ 为正值，$E(T,T_n)<E(T,0)$，则仪表指示值偏低，应加上 $E(T_n,$

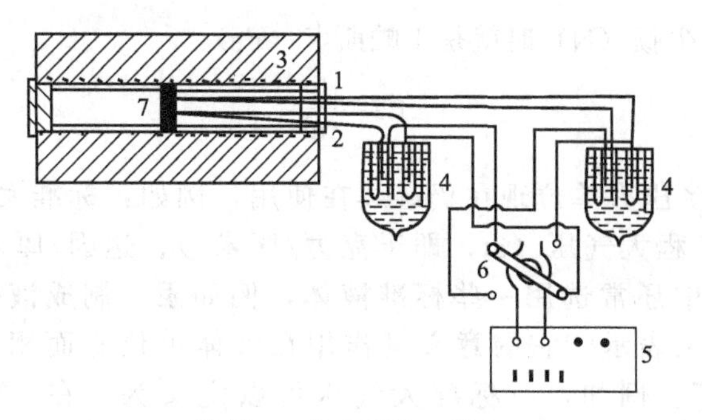

附图 8　热电偶校正装置

1—标准热电偶；2—待校热电偶；3—电炉；4—冰水浴；
5—电位差计；6—换向开关；7—保温铜块

0）的校正值。

【例】 用镍铬-镍硅热电偶（EU-2）测一炉温，若冷端温度 $T_n=30$℃，测得 $E_{EU}(T,30)=23.71$mV，求真实炉温？

从附录三附表 19 中，查 $E(30,0)=1.20$mV，根据式(5) 对应 EU-2 为 24.91mV 的温度是 600℃。可见，若不进行校正而用 23.71mV，即用 572℃ 表示，它们相差达 28℃。

c. 冷端处在温度波动的环境之中。此时可用补偿导线或冷端补偿器来校正。补偿导线是指在一定温度范围内与热电偶的热电性能相接近的金属导线。将其与热电偶同极相接后，把冷端延伸到温度恒定的位置（如冰水浴中或恒定的 T_n 环境温度中）即可克服冷端温度的波动。常用热电偶的补偿导线材料见附表 5。

附表 5　热电偶及其补偿导线

热　电　偶	铜-康铜	镍铬-考铜	镍铬-镍硅	铂铑 10-铂
补偿导线及其极性标志颜色	铜(＋,红色) 康铜(－,银白色)	镍铬(＋,红色) 考铜(－,黄色)	铜(＋,红色) 康铜(－,蓝色)	铜(＋,红色) 铜镍(－,绿色)

冷端温度补偿器，是一个串接在热电偶测温线路中可以输出毫伏信号的直流不平衡电桥。其特点在于此输出的毫伏值随冷端温度变化而变化，从而达到冷端温度自动补偿的目的。

气体压力的测量和控制

压力是用来描述体系状态的一个重要参数，许多物理化学性质，例如熔点、沸点、蒸气压几乎都与压力有关，在化学热力学和化学研究中，压力也是一个很重要的因素。因此，压力的测量具有重要意义。就物理化学实验来说，压力应用范围高至气体钢瓶的压力，低至真空系统的真空度。通常可分为高压、中压、常压和负压。不同的压力范围，测量方法不一样，精确度要求不同，所使用的单位也各有传统的习惯，这里着重介绍$1.333\times10\sim1.333\times10^5$Pa 左右气体的压力测量，另外还介绍福廷式气压计和气体钢瓶减压器的使用方法以及恒压控制的基本原理。

一、压力的表示方法

压力是指均匀垂直作用于单位面积上的力，也可把它叫做压力强度，或简称压强。国际单位制（SI）用帕斯卡作为通用的压力单位，以 Pa 或帕表示，其定义是作用于 1 平方米

(m^2) 面积上的力为 1 牛顿 (N) 时就是 1 帕斯卡 (Pa):

$$Pa = \frac{N}{m^2}$$

但是，原来的许多压力单位现在仍继续在使用，例如：标准大气压（或称物理大气压，简称大气压）、工程大气压（at，即千克力/厘米²）、达因/厘米²、磅力/英寸²、巴等。在物理化学实验中还常选用一些标准液体，例如汞，制成液体压力计，压力大小就直接以液体的高度来表示。它的意义是作用在液体单位底面积上的液体重量与气体的压力相平衡或相等。例如，一标准大气压可以定义为：在 0℃、重力加速度等于 $9.80665 m \cdot s^{-2}$ 时，760mm 高的汞柱垂直作用于底面积上的压力，此时汞的密度为 $13.5951 g \cdot mL^{-1}$。因此，1 标准大气压又等于 $1.03323 kgf \cdot cm^{-2}$。这些压力单位之间的换算关系见附表 6。

附表 6 常用压力单位换算关系①

压力单位	帕	千克力/厘米²	达因/厘米²	磅力/英寸²	标准大气压	巴	毫米汞柱
帕	1	1.019716×10^{-5}	10	1.450342×10^{-4}	0.9869236×10^{-5}	1×10^{-5}	7.5006×10^{-3}
千克力/厘米²	9.80665×10^{4}	1	9.80665×10^{5}	14.223343	0.967841	0.980665	735.559
达因/厘米²	0.1	1.019716×10^{-6}	1	1.450377×10^{-5}	9.86923×10^{-7}	1×10^{-6}	7.50062×10^{-4}
磅力/英寸²	6.89476×10^{3}	7.0306958×10^{-2}	6.89476×10^{4}	1	6.80460×10^{-2}	6.89476×10^{-2}	51.7149
标准大气压	1.01325×10^{5}	1.03323	1.01325×10^{6}	14.6960	1	1.01325	760.0
巴	1×10^{5}	1.019716	1×10^{6}	14.5038	0.986923	1	750.062
毫米汞柱	133.3224	1.35951×10^{-3}	1333.224	1.93368×10^{-2}	1.3157895×10^{-3}	1.33322×10^{-3}	1

① $d_{Hg} = 13.5951 g \cdot cm^{-3}$，$g = 9.80665 m \cdot s^{-2}$。

除了所用单位不同之外，压力还可用绝对压力、表压力和真空度来表示。附图 9 说明三者的关系。显然，在压力高于大气压的时候：

绝对压力＝大气压力＋表压力

表压力＝绝对压力－大气压力

在压力低于大气压力的时候：

绝对压力＝大气压力－真空度

真空度＝大气压力－绝对压力

当然上述式子等号两端各项都必须采用相同的压力单位。

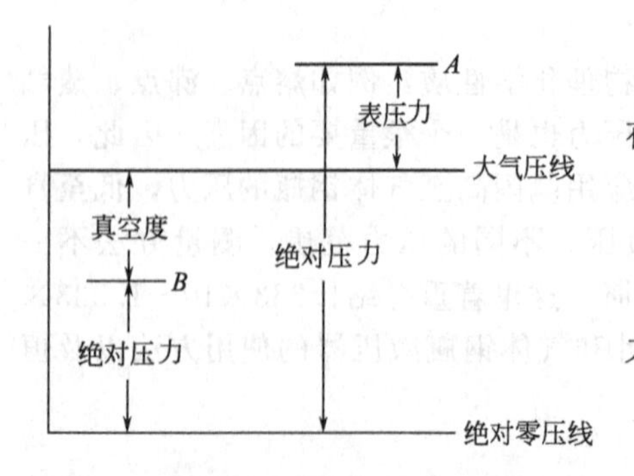

附图 9 绝对压力、表压力与真空度的关系

二、气压计

1. 气压计的结构

测定大气压力的仪器称为气压计，气压计的种类很多，实验室最常用的是福廷式气压计，其结构示意见附图 10。福廷式气压计是一种真空

汞压力计，以汞柱来平衡大气压力，然后以汞柱的高度表示。

福廷式气压计主要结构是一根长90cm，一端封闭的玻璃管K，管中盛有汞，倒插在下部汞槽A内，玻璃管中汞面的上部是真空。汞槽底部为一羚羊皮袋B，附有一螺旋C可以调节其中汞面的高度。另外它还附有一象牙针H，它的尖端是黄铜标尺E刻度的零点，此黄铜标尺上附有一游标尺F，这样读数的精密度可达0.1mmHg或0.05mmHg（即13.333Pa或6.667Pa）。

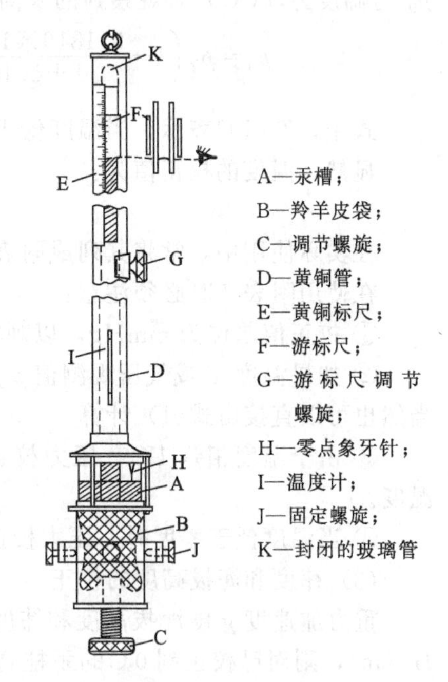

附图10　福廷式气压计结构示意图

2. 气压计的操作步骤

① 铅直调节。气压计必须垂直放置，若在铅直方向偏差1°，而压力为760mmHg(101325Pa)时，则汞柱的高度误差大约为0.1mmHg(13.33Pa)。可拧松气压计底部圆环上的三个螺旋J，令气压计铅直悬挂，再旋紧这三个螺旋，使其固定即可。

② 调节汞槽内的汞面高度。慢慢旋转螺旋C，升高汞槽内的汞面，利用汞槽后面磁板的反光，注视汞面与象牙针间的空隙，直到汞面恰好与象牙针尖相接触，然后用手指轻弹铜管使玻璃管上部汞的弯曲面正常，这时象牙针与汞面的接触应没有什么变动。

③ 调节游标尺。转动螺旋G，使游标尺F的下沿边高于汞柱面，然后慢慢下降，直到游标尺的下沿边及后窗活盖的下沿与管中汞柱的凸面相切，这时观察者眼睛和游标尺前后的两个下沿边应在同一水平面，见附图11。

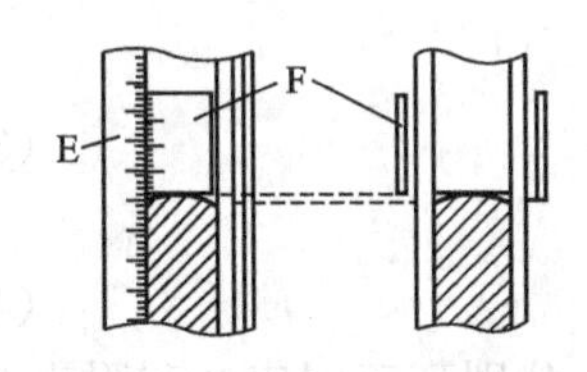

附图11　游标尺位置的调节

④ 读取汞柱高度。游标尺F的零线在标尺E上所指的刻度，为大气压力的整数部分hPa，再从游标尺上找出一根恰与标尺E某一刻度相吻合的刻度线，此游标刻度线上的数值即为hPa后的小数部分。

⑤ 整理工作。向下转动螺旋C，使汞面离开象牙针，同时记下气压计上附属温度计I的温度，并从所附卡片记下该气压计的仪器误差。

3. 气压计读数的校正

当气压计的汞柱与大气压力平衡时，则$p_{大气}=gdh$，但汞的密度d与温度有关，重力加速度g随测量地点不同而异，因此以汞柱高度h来表示大气压时，规定温度为0℃，重力加速度$g=9.80665\mathrm{m/s^2}$条件下汞柱为标准，此时汞的密度d为$13.5951\mathrm{g/cm^3}$。所以由气压计直接读出的以hPa表示的汞柱高度常不等于定义的气压。为此必须进行校正，除了要进行仪器误差校正和温度校正外，在精密的工作中还必须进行纬度和海拔高度的校正。

(1) 仪器误差的校正

此项气压计固有的仪器误差值，是由气压计与标准气压计测量值相比较而得。气压计出厂时都附有仪器误差的校正卡，所以各次观察值首先应按照校正卡片上的校正值进行校正。

(2) 温度校正

将汞的体膨胀系数 $0.1819\times10^{-3}℃^{-1}$ 和黄铜的线膨胀系数 $18.4\times10^{-6}℃^{-1}$ 代入方程 $p_0=p_T[1-\frac{(\alpha-\beta)T}{1+\alpha T}]$ 中（α 为汞的体膨胀系数，β 为黄铜的线膨胀系数），则 0℃时的汞高 p_0 与温度为 T(℃) 时观察到的汞高 p_T 之间的关系可用下式表示：

$$p_0=p_T\left(1-\frac{0.1819\times10^{-3}-18.4\times10^{-6}}{1+0.1819\times10^{-3}\times T}T\right)\approx p_T(1-0.000163T)$$

式中，T 以℃表示，当温度低于零度时，T 以负值代入上式。

显然，温度的校正值为：

$$\Delta p_T=0.000163Tp_T \tag{1}$$

在实际使用中，常将其列成附表 7。

在使用附表 7 时必须注意：

① 校正值单位为 mmHg，以观察值减去校正值即为 0℃的汞柱高度。

② 如果温度 T 或气压观测值 p_T 不是整数，可以采用四舍五入法或内插法来使用此表。当然也可以直接由式(1) 计算。

③ 由于温度相差 1℃，压力校正值要相差 0.12cmHg，因此必须准确读取气压计附近温度。

④ 当温度低于零度时，压力校正值 Δp_T 用式(1) 计算。

(3) 纬度和海拔高度的校正

重力加速度 g 随海拔高度和纬度不同而异，如果测量地点之纬度为 L (°)，海拔高度为 H (m)，则对已校正到 0℃的汞柱高度再作如下校正：

$$\begin{aligned}p_S&=p_0\times(1-2.6\times10^{-3}\cos2L)\times(1-3.14\times10^{-7}\times H)\\&\approx p_0\times(1-2.6\times10^{-3}\cos2L-3.14\times10^{-7}\times H)\end{aligned} \tag{2}$$

显然，由式(2) 可看出，纬度校正值为：

$$\Delta p_L=p_0\times2.6\times10^{-3}\cos2L \tag{3}$$

海拔高度校正值为：

$$\Delta p_H=p_0\times3.14\times10^{-7}\times H \tag{4}$$

今将不同气压算得的纬度校正值 Δp_L 和海拔高度校正值 Δp_H 分别列于附表 8 和附表 9。

(4) 校正举例

若在杭州测量大气压，杭州的纬度近似为 $L=30°$，海拔为 $H=100$m，在室温 25℃读得气压计观测值 $p=1013.12$ hPa，仪器误差为 +0.13 hPa，计算校正后的正确大气压。

解：

第一项校正：1013.12+0.13=1013.25 (hPa)

第二项校正：由附表 7 查得 Δp 为 3.09mmHg (4.12 hPa)，所以校正后得

$$p_0=1013.25-4.12=1009.13\ (\text{hPa})$$

第三项校正：由附表 8 查得 $\Delta p_L=1.01$mmHg (1.35 hPa)，由附表 9 查得 $\Delta p_H=0.02$mmHg (0.027 hPa)，校正后大气压为：

$$p_S=1009.13-1.35-0.027=1007.753\ (\text{hPa})$$

由此例可见，除非气压数值要求比较精确、纬度 45°偏离较远、海拔又较高以外，在一般情况下纬度校正与海拔高度校正可以不考虑。

附表 7　气压计读数温度校正值　　单位：mmHg

温度/℃	740	750	760	770	780
0	0.00	0.00	0.00	0.00	0.00
1	0.12	0.12	0.12	0.13	0.13
2	0.24	0.25	0.25	0.25	0.25
3	0.36	0.37	0.37	0.38	0.38
4	0.48	0.49	0.50	0.50	0.51
5	0.60	0.61	0.62	0.63	0.64
6	0.72	0.73	0.74	0.75	0.76
7	0.85	0.86	0.87	0.88	0.89
8	0.97	0.98	0.99	1.01	1.02
9	1.09	1.10	1.12	1.13	1.15
10	1.21	1.22	1.24	1.26	1.27
11	1.33	1.35	1.36	1.38	1.40
12	1.45	1.47	1.49	1.51	1.53
13	1.57	1.59	1.61	1.63	1.65
14	1.69	1.71	1.73	1.76	1.78
15	1.81	1.83	1.86	1.88	1.91
16	1.93	1.96	1.98	2.01	2.03
17	2.05	2.08	2.10	2.13	2.16
18	2.17	2.20	2.23	2.26	2.29
19	2.29	2.32	2.35	2.38	2.41
20	2.41	2.44	2.47	2.51	2.54
21	2.53	2.56	2.60	2.63	2.67
22	2.65	2.69	2.72	2.76	2.79
23	2.77	2.81	2.84	2.88	2.92
24	2.89	2.93	2.97	3.01	3.05
25	3.01	3.05	3.09	3.13	3.17
26	3.13	3.17	3.21	3.26	3.30
27	3.25	3.29	3.34	3.38	3.42
28	3.37	3.41	3.46	3.51	3.55
29	3.49	3.54	3.58	3.63	3.68
30	3.61	3.66	3.71	3.75	3.80
31	3.73	3.78	3.83	3.88	3.93
32	3.85	3.90	3.95	4.00	4.05
33	3.97	4.02	4.07	4.13	4.18
34	4.09	4.14	4.20	4.25	4.31
35	4.21	4.26	4.32	4.38	4.43

附表 8　换算到纬度为 45°的大气压校正值①

纬度/(°)		观测值/mmHg			
		720	740	760	780
25	65	1.23	1.27	1.30	1.33
26	64	1.18	1.21	1.25	1.28
27	63	1.13	1.16	1.19	1.22
28	62	1.07	1.10	1.13	1.16
29	61	1.02	1.04	1.07	1.10
30	60	0.96	0.98	1.01	1.04
31	59	0.90	0.92	0.95	0.97
32	58	0.84	0.86	0.89	0.91
33	57	0.78	0.80	0.82	0.84
34	56	0.72	0.74	0.76	0.78
35	55	0.66	0.67	0.69	0.71
36	54	0.59	0.61	0.63	0.64
37	53	0.53	0.54	0.56	0.57
38	52	0.46	0.48	0.49	0.50
39	51	0.40	0.41	0.42	0.43
40	50	0.33	0.34	0.35	0.36
41	49	0.27	0.27	0.28	0.29
42	48	0.20	0.21	0.21	0.22
43	47	0.13	0.14	0.14	0.14
44	46	0.07	0.07	0.07	0.07

① 用此表应注意，当纬度小于 45°时应减去校正值，当纬度大于 45°时，则应加上校正值。校正值单位为毫米汞柱(mmHg)。

附表 9　测量点海拔高度换算到海平面的大气压校正值①

海拔高度/m	观察值/mmHg						
	500	550	600	650	700	750	800
100					0.02	0.02	0.02
200					0.04	0.05	0.05
300					0.07	0.07	0.07
400					0.09	0.10	0.10
500					0.11	0.12	0.13
600				0.12	0.13	0.14	
700				0.14	0.15	0.16	
800				0.16	0.18	0.19	
900				0.18	0.20	0.22	
1000		0.18	0.19	0.20	0.22	0.24	
1100		0.19	0.21	0.22	0.24	0.26	
1200		0.21	0.23	0.24	0.26		
1300		0.22	0.24	0.26	0.29		
1400		0.24	0.26	0.28	0.31		
1500	0.24	0.26	0.28	0.30	0.33		
1600	0.25	0.28	0.30	0.32			
1700	0.27	0.30	0.32	0.34			
1800	0.28	0.31	0.34	0.36			
1900	0.30	0.33	0.36	0.39			
2000	0.31	0.34	0.38	0.41			
2100	0.33	0.36	0.40				
2200	0.35	0.38	0.41				
2300	0.36	0.40	0.43				
2400	0.38	0.42	0.45				
2500	0.39	0.43	0.47				

① 校正值以毫米汞柱（mmHg）为单位。

电学测量技术

电学测量技术在物理化学实验中占有重要地位，常用它来测量电导率、电动势等参量，在热化学中它更是精密温度测量和计量的基础。

日益发展的电子工业为电学测量提供了数字电压表等一类全新的电子测试仪器，它们具有快速、灵敏、数字化等优点；但是早期的各种化学测试设备包括标准电池、标准电阻、电位差计、电桥、检流计等，不仅还在广泛地应用着，而且仍然是电学测量中最基本的标准测试设备。了解这些仪器设备的原理和性能，掌握其使用、维护规则是十分重要的。

一、电位差测量

1. 标准电池

有关标准电池的结构、化学组成、电学性质、电化学反应、电动势、温度系数、使用方法以及注意事项请参见本书实验八。这里仅补充讲述标准电池的使用和维护。

标准电池在使用过程中，不可避免地会有充、放电流通过，使电极电位偏离其平衡电位值，造成电极的极化，导致整个电动势的改变。虽然饱和式标准电池的去极化能力较强，充、放电结束后电动势的恢复也较快，但仍应对通过标准电池的电流严格限制在允许范围内，附表 10 第 4 栏列出了各个等级的标准电池所允许通过的电流值。

由于标准电池的温度系数与正负两极都有关系，故放置时必须使两极处于同一温度。

饱和标准电池中的 $CdSO_4 \cdot \frac{8}{3}H_2O$ 晶粒在温度波动的环境中会反复不断地溶解，再结晶，致使原来很微小的晶粒结成大块，增加了电池的内阻，降低了电位差计中检流计回路的灵敏度。因此应尽可能将标准电池置于温度波动不大的环境中。

机械振动会破坏标准电池的平衡，在使用及搬移时应尽量避免振动，绝对不允许倒置。

光会使 Hg_2SO_4 变质，此时，标准电池仍可能具有其正常的电动势值，但其电动势对于温度变化的滞后特性较大，因此标准电池应避免光照。

2. 电位差计测量原理

电位差计是按照补偿法（或称对消法）测量原理设计的一种平衡式电压测量仪器，所以在测量中几乎不损耗被测对象的能量，且具有很高的精确度。它与标准电池、检流计等相配合，成为电压测量中最基本的测试设备。

最简单的电位差计电路原理见附图 12，它可以分为工作电流回路和测量回路两部分。

在工作电流回路中，工作电流 I 由工作电池的 E_W 正极流出，经过可变调定电阻 R_P、滑线电阻 R、返回 E_W 的负极。如果工作电流是稳定的，则能在滑线电阻 A、B 端形成一个稳定的电位降。要求滑线电阻丝的直径是均匀的，这样由 A 至 B，电阻值随长度的增加而线性增加，滑线电阻上的电位降低亦随长度按比例增加。

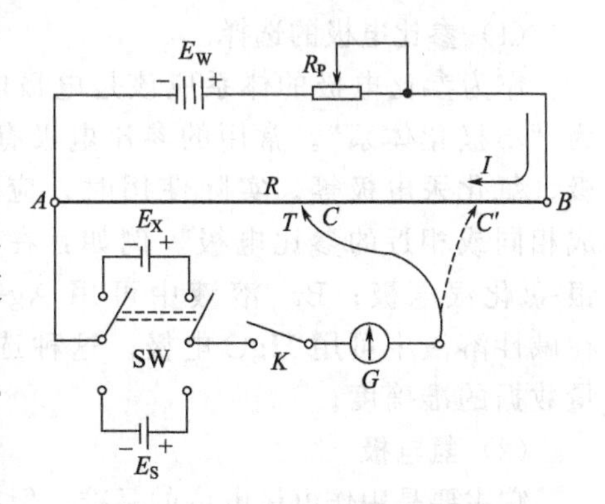

附图 12　电位差计补偿法测量原理

如 $R=1500\Omega$，而又能 R 的全长等分为 1500 小格，则每小格的电阻 $r=1\Omega$。借助可变调定电阻 R_P，将工作电流 I 调至 1.000mA，则整根电阻丝上的电位差 $U_{AB}=1500$mV，每小格电阻丝上的电位差 $Ir=$ 1mV。这样的工作电流回路就变成一个测量电位差的量具，其测量范围为 0～1500mV。上述工作电流的调节过程称为“标定”，其关键是必须使工作电流准确到1.000mA，这只有借助于标准电池的电动势来比较，才能鉴别得出来。

附表10　国产标准电池的等级区分及其主要参数

类别	稳定度级别	在温度+20℃时电动势的实际值/V	在一分钟内最大允许通过的电流/μA	在一年中电动势的允许变化/μV	温度/℃		内阻值(不大于)/Ω		相对湿度/%	用途
					保证准确度	可使用于	新的	使用中的	≤80	标准量具
饱和	0.0002	1.0185900～1.0186800	0.1	2	19～21	15～25	700		≤80	工作量具
	0.0005	1.0185900～1.0186800	0.1	5	18～22	10～30				
和	0.001	1.018590～1.018680	0.1	10	15～25	5～35		1500	≤80	工作量具
	0.005	1.01855～1.01868	1	50	10～30	0～40	700	2000		
	0.01	1.01855～1.01868	1	100	5～40	0～40		3000		
不饱和	0.005	1.01880～1.01930	1	50	15～25	10～30				
	0.01	1.01880～1.01930	1	100	10～30	5～40	500	3000		
	0.02	1.0186～1.0196	10	200	5～40	0～50				

图中的测量回路是由标准电池E_S、被测量电池E_X、双刀双掷开关SW、电键K、检流计G、滑动触点T以及滑线电阻A～C段的电阻丝等组成。在对工作电流标定时，先将SW合向E_S，如果E_S的电动势为1.018V，则将T置于滑线电阻上离A点1018小格的C处，如I已被调定至1.000mA，则A～C段的电位差U_{AC}应等于1.018V，与E_S值相等。由于E_S极性在接法上是使之与U_{AC}对消，如$I\neq1.000$mA，则$U_{AC}\neq E_S$，检流计的指针或光点应发生偏转，根据偏转的方向可以判别调定电阻R_P应该增大还是减小，直至I值被标定为止。

标定后的工作电流回路，就可用来测量未知电位E_X了。将SW合向E_X，如E_X值无法预先估计，可将T置于R的中段，按一下K，根据G的偏转方向来判断T应向哪个方向移动，只要E_X值不大于U_{AB}，并且极性未接错，则通过多次试测，必定能在R上找到某一处C'，这时按一下K，G不偏转，此C'即为补偿点，证明$U_{AC'}$已与E_X对消，读出A～C'段的长度值（小格数），即得E_X的电位值。

上面介绍了电位差计补偿法的基本测量原理，附图12的电路只是一个示意图，实际的电路要比它复杂得多。电位差计按其结构形成、测量范围、阻值高低、精度等级可以分成许多类型，以适应多种实验条件的需要。

3. 参比电极

(1) 参比电极的选择

作为参比电极的体系应该是电极电位复现性较高，可逆性良好的体系，这种体系称为“不极化体系”。常用的参比电极有氢电极、甘汞电极、银-氯化银电极、硫酸亚汞电极、氧化汞电极等。实际使用时，应根据被测电极中液相的性质和浓度，选择液相组成相同或相近的参比电极。例如：在1mol·L^{-1} HCl溶液中可用摩尔甘汞电极或摩尔银-氯化银电极；Br^-溶液中可用Ag-AgBr电极；含SO_4^{2-}溶液中可用Hg_2SO_4电极；在碱性溶液中可用HgO电极。这种选择的依据是使液接界电位减至最小程度，提高测量数据的准确度。

(2) 氢电极

它主要是用作电极电位的标准，但在酸性溶液中也可用为参比电极，特别是在测量氧化电位时，采用同一溶液中的氢电极作为参比电极，可简化计算。

氢电极的优点是其电极电位仅决定于液相的热力学性质（溶液中H^+和溶解的H_2之间

的平衡：$H^2 \rightleftharpoons 2H^+ + 2e^-$)，因而较易做到实验条件的重复。但其电极反应在许多金属上的可逆程度很低，因此，必须选择对此反应有催化作用的惰性金属作为电极材料。一般是采用金属铂。为了使铂电极有较大的面积，具有较多的活化中心，使制得的电极活性较大，通常采用镀铂黑的铂电极。制备电极用的铂片，其大小以 1×1（cm^2）或 2×0.5（cm^2）为宜。在镀铂黑之前，先用王水（HCl：HNO_3：H_2O＝3：1：4）将铂片腐蚀一下，以除去沾污杂质及旧电极上的铂黑。清洗铂片的王水可反复使用，勿倾去。为了除去铂表面的氧化层，可在稀硫酸中阴极极化 10min，然后用水清洗，并立即电镀。电极接线如附图 13 所示（如只在一个电极上镀铂黑无需切换）。

常用的镀铂黑溶液有下列两种：

① 取 1～1.5g 的金属铂，用热 HNO_3 洗涤后，溶解在王水中，将该溶液在水浴上蒸干后，再加 2mL HCl，蒸干后，即得无水氯铂酸。将该无水氯铂酸溶于 100mL 水中，加入 80mg 三水醋酸铅，即成为电镀液。将要镀的铂电极作阴极，另一铂电极作阳极，在 100～200mA·cm^{-2}的电流密度下，电镀 1～3min。得到的就是很黑的、均匀一致的铂黑镀层。

② 2%$PtCl_2$ 加入 2mol·L^{-1} HCl 中，在 10～20mA·cm^{-2}的电流密度下，电镀 10～20min。将镀好的电极用水清洗，再放入 0.5～1mol·L^{-1} H_2SO_4 中作为阴极进行电解（另一铂片作为阳极），利用电解中生成的新生态 H 除去铂黑上吸附的残余 Cl_2。待电极上剧烈放出氢气约 10min，中断电流。将电极取出洗净，浸入蒸馏水中保存备用。

在氢电极中所用的氢气必须有很高的纯度。如含有惰性杂质 N_2 会影响 H_2 的分压；O_2 会在电极上还原，产生一个正的偏离电压；CO_2、CO 以及 As 的硫化物等会使铂黑电极的活化中心中毒。

用电解制备的 H_2 纯度较高，发生速度也易于控制，但要严格除 O_2 和 CO_2。此外还应精确控制氢气的压力，氢气应以每秒 2～3 个气泡的速度从底部压出。

氢电极的构造如附图 14 所示：电极管有通氢气的进出阻气阀，以防止空气的漏入。铂黑电极插于管中央，上有外磨口盖封住。电极管侧有一连通用的支管，用于插入被测的体系中，支管上的活塞可以阻止被测体系的溶液进入电极管；活塞是用电极管中的溶液润滑的。当活塞关闭时，电阻极大，电位差计回路中不能用普通的磁电式检流计示零，可以用静电计或 ZC-36 型微电流测试仪来指示。

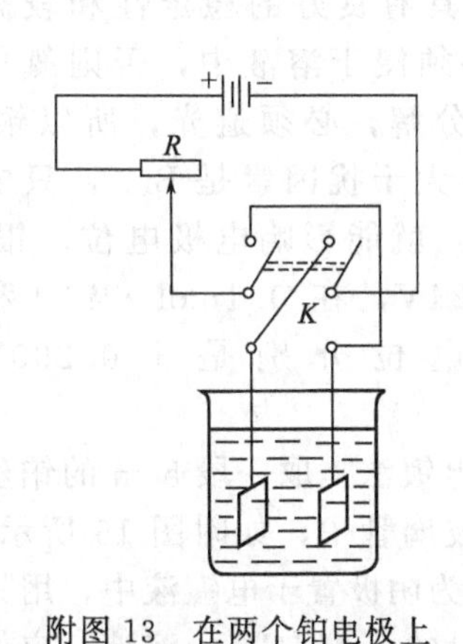

附图 13　在两个铂电极上镀铂黑的切换电路

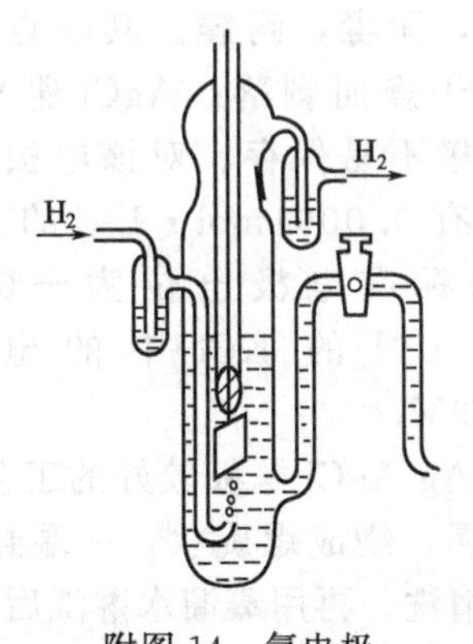

附图 14　氢电极

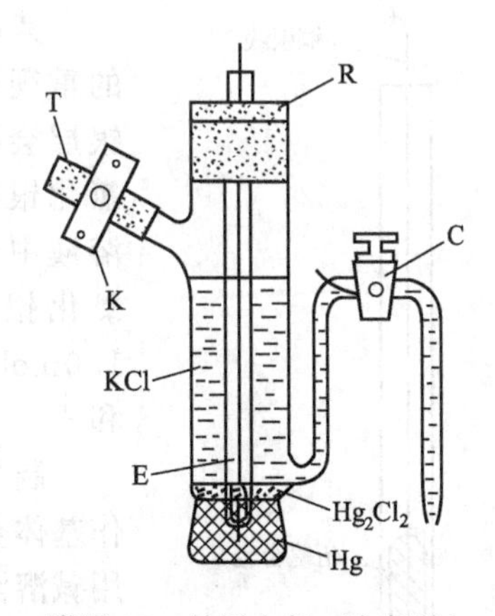

附图 15　甘汞电极（电解法）

（3）甘汞电极

由于氢电极的制备和使用不甚方便，实验中常用甘汞电极作为参比电极。甘汞电极是这样一种体系：

$$Hg, Hg_2Cl_2(固) | KCl (溶液)$$

其电极反应为：

$$Hg_2Cl_2 + 2e^- \rightleftharpoons 2Hg + 2Cl^-$$

因此，平衡电位取决于 Cl^- 活度。通常使用的有 0.1mol·L^{-1}、1.0mol·L^{-1}及饱和式三种，在25℃时，它们的电极电位分别为+0.3337V、+0.2800V、+0.2415V。附图15为常用的按电解法工艺制备的甘汞电极结构。先在电极管底部注入适量纯净（三次蒸馏）的汞，将清洁的铂丝电极E插入汞中，E的上部连有清洁的橡胶塞R，当将E插入时，R随即将电极管口封住。事先准备好一小烧杯（25mL）的1mol·L^{-1}KCl溶液，将电极管上的连通支管插在溶液中，打开弹簧夹K及活塞C，用针筒经橡皮管T对电极管抽气，KCl溶液即被抽进电极管至适当高度。夹紧弹簧夹，拔去针筒，以电极管中的汞为正极，以插于小烧杯中的铂丝电极为负极，进行电解，电流密度控制在100mA·cm^{-2}左右。此时汞面上会逐渐生成一层灰白色的 Hg_2Cl_2 固体微粒，直至汞面上被全部覆盖为止，然后电解结束。用针筒对电极管压气，将KCl电解液徐徐压出为止，弃之。再徐徐吸入指定浓度的KCl电极溶液。必须注意：用针筒抽取KCl溶液时，速度要慢，不能搅动汞面上的 Hg_2Cl_2 层；电极管要垂直放置，以防止KCl溶液渗入到汞与玻璃管壁之间而造成“切入效应”，这种效应使汞面直接与溶液接触，而且溶液浓度与管内溶液不同，破坏了电极的平衡状态。

甘汞电极的另一种制备方法是将分析纯的甘汞和几滴汞置于玛瑙中研磨，再用KCl溶液调成糊，将这种甘汞糊小心地敷于电极管内的汞面上，然后再注入指定浓度的KCl溶液。采用这种工艺时，与汞相连的铂丝应封于电极管的底部。

(4) 银-氯化银电极（包括其他卤化银电极）

氯化银电极的体系是：

$$Ag\text{-}AgCl(固) | KCl(溶液)$$

电极反应为：

$$AgCl + e^- \rightleftharpoons Ag + Cl^-$$

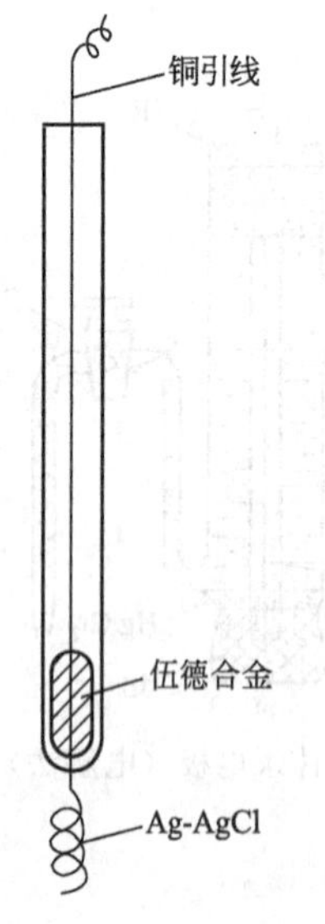

附图16　Ag-AgCl电极

其电极电位决定于 Cl^- 的活度，具有良好的稳定性和较高的重现性，无毒，耐震。其缺点是必须浸于溶液中，否则氯化银层会因干燥而剥落；AgCl遇光会分解，必须避光，所以银-氯化银电极不易保存。对该电极的最大干扰因素是 Br^-，只要溶液中含有0.0001mol·L^{-1}的 Br^-，就能影响电极电位。银-氯化银的标准电极电位为+0.2224V，在0.1mol·L^{-1}和1.0mol·L^{-1}的KCl中的电极电位分别是+0.290V和+0.239V。

制备Ag-AgCl电极较好的工艺为电镀法：取一段5cm的铂丝作基体金属，绕成螺旋状，一端封入玻璃管中，如附图16所示。用碱溶液清洗，再用蒸馏水淋洗后，作为阴极置于电镀液中，用另一铂丝电极作阳极。电镀液为10g·L^{-1}的 $KAg(CN)_2$ 溶液，应保证其中不含过量的KCN，为此，在电镀液中加0.5g$AgNO_3$。电流密度为0.4mA·cm^{-2}，时间为6h，银镀层应呈洁白色。将镀好的银电极置于浓 NH_4OH 溶液中1h后，取出用水清洗，并保存在蒸馏水中。最后在 0.1mol·L^{-1}KCl 溶液中用同样的电流密度阳极氧化约 30min。清洗后，浸于蒸馏水老化 1～2 天。

常用的参比电极 25℃时的电极电位参数见附表 11。

附表 11　常用的参比电极的电极电位参数（25℃）

参比电极	体　系	电极电位/V	温度系数/V·$℃^{-1}$
氢电极	Pt，$H_2(p^{\ominus})\|H^+(a_{H^+}=1)$	0.0000	
饱和甘汞电极	Hg，Hg_2Cl_2|饱和 KCl	0.2415	-7.61×10^{-4}
摩尔甘汞电极	Hg，Hg_2Cl_2|1mol·L^{-1}KCl	0.2800	-2.75×10^{-4}
0.1mol·L^{-1}甘汞电极	Hg，Hg_2Cl_2|0.1mol·L^{-1}KCl	0.3337	-8.75×10^{-5}
银-氯化银电极	Ag，AgCl|0.1mol·L^{-1}KCl	0.290	-3×10^{-4}
银-氯化银电极	Ag，AgCl|$Cl^-(a_{Cl^-}=1.0)$	0.22234	
银-氯化银电极	Ag，AgCl|KCl(饱和)	0.1981	
氧化汞电极	Hg，HgO|0.1mol·L^{-1}KOH	0.165	
硫酸亚汞电极	Hg，Hg_2SO_4|1mol·$L^{-1}K_2SO_4$	0.6758	
硫酸铜电极	Cu|饱和 $CuSO_4$	0.316	-7×10^{-3}

4. 盐桥的制备

可用许多方法降低液面接界电池的影响，但至今尚无理想的方法。较好而且使用方便的一种方法为盐桥法。

最常用的是用 3%琼脂-饱和 KCl 盐桥。将盛有 3g 琼脂和 97mL 蒸馏水的烧瓶放在水浴上加热（切忌直接加热），直到完全溶解。然后加 30g KCl，充分搅拌。KCl 完全溶解后，趁热用滴管或虹吸将此溶液装入已事先弯好的玻璃管，静置，待琼脂凝结后便可使用。多余的琼脂-KCl 用磨口瓶塞盖好，用时可重新在水浴上加热。

所用 KCl 和琼脂的质量要好，以避免污染溶液，最好选择凝固时呈洁白色的琼脂。

高浓度的酸、氨都会与琼脂作用，破坏盐桥，污染溶液。遇到这种情况，不能采用琼脂盐桥。

琼脂-KCl 盐桥也不能用于 Ag^+、Hg_2^{2+} 等与 Cl^- 作用生成沉淀的离子或含有 ClO_4^- 等与 K^+ 作用的物质的溶液。遇到这种情况，应换其他电解质配制的盐桥。

有人建议对于能与 Cl^- 作用的溶液，用 Hg-Hg_2SO_4-饱和 K_2SO_4 电极，与 3%琼脂-1mol·$L^{-1}K_2SO_4$ 的盐桥。对于含有浓度大于 1mol·$L^{-1}ClO_4^-$ 的溶液，则可用汞-甘汞-饱和 NaCl 或 LiCl 电极，与 3%琼脂 1mol·L^{-1}NaCl 或 LiCl 盐桥。

也可用 H_4NO_3 盐桥。优点是正负离子的迁移数较接近，缺点是它与通常的各种电极无共同离子，因而在共同使用时会改变参考电极的浓度和引入外来离子，因而可能改变各种参考电极的电位。

二、电导率仪

DDS-11A 型电导率仪可以测定一般液体和高纯水的电导率，直接从表上读取数据，并有 0～10mV 信号输出，可接自动平衡记录仪进行连续记录。

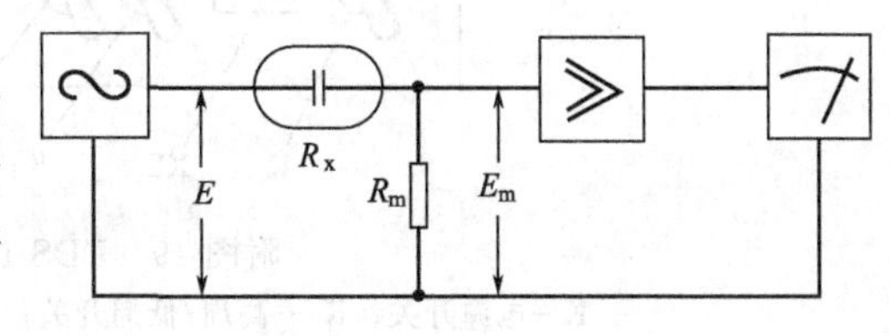

附图 17　测量原理图

1. 测量原理

电导率仪的工作原理如附图 17 所示。由图得出：

$$E_m=\frac{ER_m}{R_m+R_x}=\frac{ER_m}{R_m+Q/\chi} \tag{1}$$

式中，R_x 为液体电阻，即两个被玻璃固定的平行铂电极间溶液的电阻；Q 为电导池常数（在本仪器中称为电极常数，$Q=\chi/\Lambda_m$，Λ_m 为摩尔电导率）；R_m 为分压电阻。由于 $R_m \ll R_x$，因此

$$\chi=\frac{QE_m}{ER_m} \tag{2}$$

由式(2) 可见，当 E、R_m、Q 为常数时，有 χ 与 E_m 成正比。所以，通过测量 E_m 的大小，也就测量出液体电导率的大小。

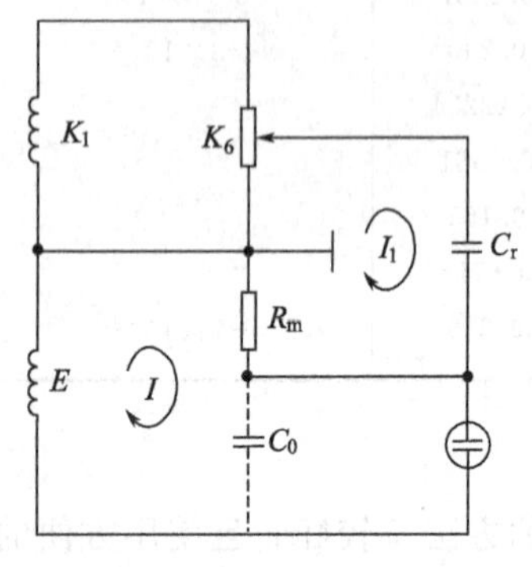

附图 18　电容补偿原理图

为降低极化作用造成的附加误差，测量信号 E 采用交流电。该仪器振荡产生低周（约 140 周/秒）及高周（约 1100 周/秒）两种频率，分别作为低电导率测量及高电导率测量的信号源频率，振荡器用变压器耦合输出，因而使信号 E 不随 R_x 变化而变化。

放大后的信号经检波后，由刻有电导率读数的 0～1mA 电流表指出被测值。因为测量信号是交流电，因而电极极片间及电极引线间均出现了不可忽视的分布电容 C_0（大约 60pF），电导池则有电抗存在。这样，将电导池视为纯电阻来测量，则存在比较大的误差，特别在 $0\sim10^{-5}\,\Omega^{-1}\cdot m^{-1}$ 低电导率范围里，此项影响较显著。可采用电容补偿消除之，其原理见附图 18。

信号源输出变压器的次级有两个输出信号 E_1 及 E，E_1 作为电容的补偿电源。E 与 E_1 的相位相反，所以，由 E_1 引起的电流 I_1 流经 R_m 的方向与测量信号 I 流过 R_m 的方向相反。测量信号 I 中包括通过纯电阻 R_x 的电流和流过分布电容 C_0 的电流。调节 K_6 可以使 I_1 与流过 C_0 的电流振幅相等，使它们在 R_m 上的影响大体抵消。

本仪器与铂电极配套使用，仪器外形如附图 19 所示。

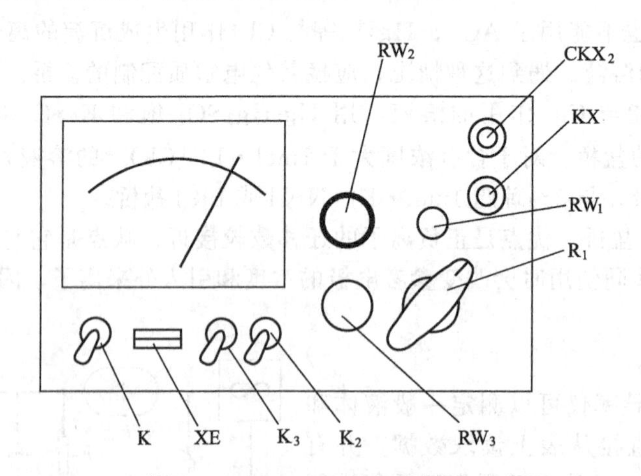

附图 19　DDS-11A 型电导率仪面板

K—电源开关；K_3—高周/低周开关；K_2—校正/测量开关；RW_3—校正调节器；RW_2—电极常数调节器；R_1—量程选择开关；RW_1—电容补偿器；KX—电极插口；CKX_2—10mV 输出插口；XE—氖灯

2. 使用方法

① 打开电源开关前，应观察表针是否指零；若不指零时，可调表头上的螺丝，使表针指零。

② 将 K_2 扳向“校正”位置。

③ 插上电源线，打开电源开关，预热数分钟（待指针完全稳定下来为止），调节 RW_3 使电表指示满刻度。

④ 当使用 $3\times10^{-4}\Omega^{-1}\cdot cm^{-1}$ 以下的量程时，选用低周，将 K_3 扳向“低周”即可。当测量电导率在 $10^{-3}\sim0.1\Omega^{-1}\cdot cm^{-1}$ 范围时，将 K_3 扳向“高周”即可。

⑤ 将量程选择开关 R_1 扳到所需要的量程范围，如预先不知被测电导率的大小，应先将其扳到最大电导率测量挡，然后逐渐下降，以防表针打弯。

⑥ 电极的使用：使用时用电极夹夹紧电极的胶木帽，并通过电极夹把电极固定在电极杆上。

a. 当被测液的电导率低于 $10^{-5}\Omega^{-1}\cdot cm^{-1}$ 时，使用 DJS-1 型光亮铂电极或光亮 260 型电极（因为 R_x 很大，流过电导池的电流很小，极化现象也小），这时应把 RW_2 调到与此电极的电极常数相应的位置上。

b. 当被测液的电导率在 $10^{-5}\sim10^{-2}\Omega^{-1}\cdot cm^{-1}$ 范围，则使用 DJS-1 型铂黑电极或铂黑 260 型电极，把 RW_2 调到与此电极常数相应的位置上。

c. 当被测溶液的电导率大于 $0.01\Omega^{-1}\cdot cm^{-1}$，用 DJS-1 型铂黑电极或铂黑 260 型电极测不出时，则用 DJS-10 型铂黑电极，这时，应把 RW_2 调到此电极常数的 1/10 相应位置上。测得的读数应乘以 10 才为被测液的电导率。

⑦ 电极插头插入电极插口内，旋紧插口上的紧固螺丝，再将电极浸入待测溶液中。

⑧ 校正：选好信号频率后，将 K_2 扳向“校正”，调 RW_3 使指针指示满刻度，注意，为了提高测量精度，当使用“$\times10^3\mu\Omega^{-1}\cdot cm^{-1}$”或“$\times10^4\mu\Omega^{-1}\cdot cm^{-1}$”这两挡时，校正必须在电导池接妥（即电极插头插入插孔后且电极浸入待测液中）的情况下进行。

⑨ 将 K_2 扳向“测量”，这时指示数值乘以量程开关的倍率即为被测溶液的实际电导率。

⑩ 当用“$0\sim0.1\mu\Omega^{-1}\cdot cm^{-1}$”或“$0\sim0.3\mu\Omega^{-1}\cdot cm^{-1}$”这两挡测高纯水时，先把电极引线插入电极插孔，在电极未浸入溶液之前，调节 RW_1 使电表指示为最小值（此最小值即铂片间的漏电阻，由于此漏电阻的存在，使得调节 RW_1 时电表指针不能达到零点），然后开始测量。

⑪ 如果要了解在测量过程中电导率的变化情况，把 10mV 输出接到自动平衡记录仪即可。

⑫ 当量程开关拨在红点位置挡时，读表上红刻度读数，否则应读表上黑刻度读数。

⑬ 电极的引线不能潮湿，否则将测不准。

⑭ 高纯水放入容器后应迅速测量，否则由于空气中 CO_2 溶入致使电导率发生变化。

⑮ 电极要轻拿轻放，切勿触碰铂黑。

光学测量技术

光与物质相互作用时可以观察到各种光学现象，如光的反射、透射、色散、折射、旋光以及物质因受激励而辐射出各种波段的光等。分析研究这些光学现象，可以提供原子、低分子、高分子、晶体等物质结构方面的大量信息。近年来随着科学技术的发展，光直接以能量的形式参与化学反应，开拓了一个全新的领域，因此各类光学特性的测量和各种光源的获得已成为物理化学实验技术中十分重要的一部分。本部分就物化实验中常用的几种光学测量技术作一些介绍。

一、阿贝（Abbe）折光仪的原理和使用方法

1. 基本原理

(1) 折射现象和折射率

当一束光从一种各向同性的介质 m 进入另一种各向同性的介质 M 时，不仅光速发生改变，如果传播方向不垂直于 m/M 界面，则还会发生折射现象，如附图 20 所示。根据史耐尔（Snell）折射定律，波长一定的单色光在温度、压力不变的条件下，其入射角 i_m 和折射角 γ_M 与这两种介质的折射率 n（介质 M）、N（介质 m）成下列关系：

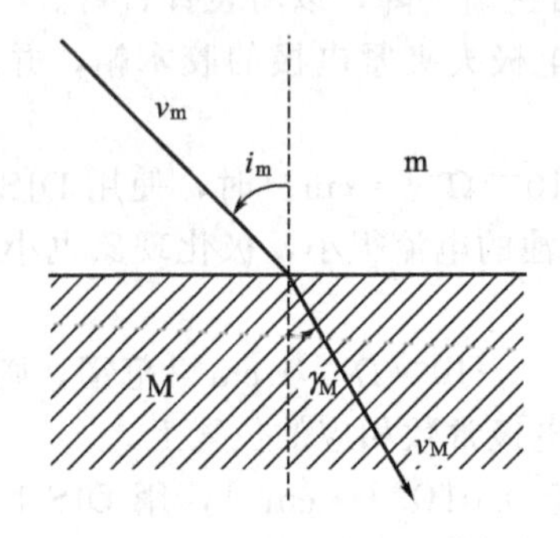

附图 20　光在不同介质中的折射

$$\frac{\sin i_m}{\sin \gamma_M}=\frac{n}{N} \tag{1}$$

如果介质 m 是真空，因规定 $N_{真空}=1$，因此

$$n=\frac{\sin i_{真空}}{\sin \gamma_M}$$

n 称为介质 M 的绝对折射率。如果介质 m 为空气，则 $N_{空气}=1.00027$（空气的绝对折射率），因此

$$\frac{\sin i_{空气}}{\sin \gamma_M}=\frac{n}{N_{空气}}=\frac{n}{1.00027}=n' \tag{2}$$

n'称为介质 M 对空气的相对折射率。因 n 与 n'相差很小，所以通常以 n'值作为介质的绝对折射率，但在精密测定时，必须校正之。

折射率以符号 n 表示，由于 n 与波长有关，因此在其右下角注以字母表示测定时所用单色光的波长，D、F、G、C……分别表示钠的 D（黄）线、氢的 F（蓝）线、G（紫）线、C（红）线等；另外，折射率又与介质温度有关，因而在 n 的右上角注以测定时的介质温度(摄氏温标)，例如 n_D^{20} 表示 20℃时该介质对钠光 D 线的折射率。大气压对折射率的影响极微，对于大多数液体样品约为 $3\times10^{-5}/1$ 个大气压，固体样品则更小，因此只有在精密测定中才给予校正。

(2) 阿贝折光仪测定液体折射率的原理

阿贝折光仪是根据临界折射现象设计的，如附图 21 所示，试样 m 置于测量棱镜 P 的镜面 F 上，而棱镜的折射率 n_P 大于试样的折射率 n。如果入射光 1 正好沿着棱镜与试样的界面 F 射入，其折射光为 1′，入射角 $i_1=90°$，折射角为 γ_c，此即称为临界角，因为再没有比 γ_c 更大的折射角了。大于临界角的构成暗区，小于临界角的构成亮区，因此 γ_c 具有特征意

义。根据式(1) 可得

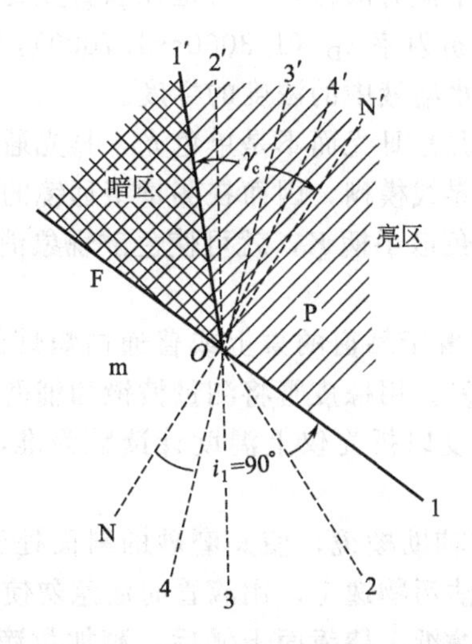

附图 21　阿贝折光仪的临界折射

$$n=n_P\frac{\sin\gamma_c}{\sin90^\circ}=n_P\sin\gamma_c$$

显然，如果已知棱镜 P 的折射率 n_P，并在温度、单色光波长都保持恒定的实验条件下，测定临界角 γ_c，就能算出被测试样的折射率 n。

(3) 仪器结构

附图 22(a) 是一种典型的阿贝折光仪的结构示意图，附图 22(b) 是它的外形（辅助棱镜呈开启状态）。其中心部件是由两块直角棱镜组成的棱镜组，下面一块是可以启闭的辅助棱镜 Q，且其斜面是磨砂的，液体试样夹在辅助棱镜与测量棱镜 P 之间，展开成一薄层。光由光源经反射镜 M 反射至辅助棱镜，磨砂的斜面发生漫射，因此从液体试样层进入测量棱镜 P 的光线各个方向都有，从 P 直角边上方可观察到临界折射现象。转动棱镜组转轴 A 的手柄 R，调整棱镜组的角度，使临界线正好落在测量望远镜视野 V 的×形准丝交点上。由于刻度盘 Sc 与棱镜组的转轴 A 是同轴的，因此与试样折射率相对应的临界角位置能通过

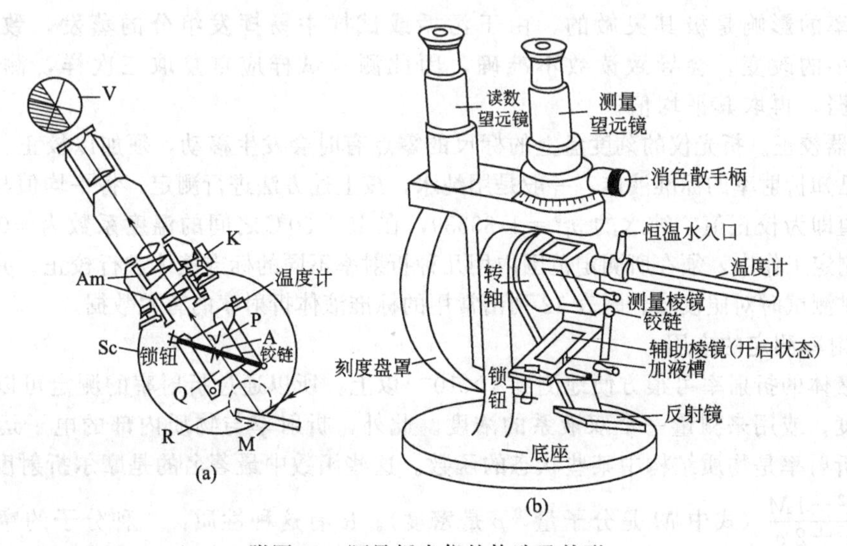

附图 22　阿贝折光仪的构造及外形

刻度盘反映出来。刻度盘上的示值有两行，一行是在以日光为光源的条件下将 γ_c 值和 n_P 值直接换算成相当于钠光 D 线的折射率 n_D（1.3000～1.7000），另一行为 0%～95%，它是工业上用折射率测量固体物质在水溶液中的浓度的标度。

为了方便，阿贝折光仪光源是日光而不是单色光，日光通过棱镜时因其不同波长的光的折射率不同而产生色散，使临界线模糊，因而在测量望远镜的镜筒下面设计了一套消色散棱镜 Am（Amici 棱镜），旋转消色散手柄 K，就可使色散现象消除。

2. 使用方法

① 仪器的安装，将折光仪置于靠窗的桌上或普通白炽灯前。但勿使仪器曝于直照的日光中，以避免液体试样迅速蒸发。用橡皮管将测量棱镜和辅助棱镜上保温夹套的进出水口与超级恒温槽串接起来，恒温温度以折光仪上温度计读数为准，一般选用（20.0±0.1)℃或(25.0±0.1)℃。

② 加样。松开锁钮，开启辅助棱镜，使其磨砂的斜面处于水平位置，用滴管滴加少量丙酮清洗镜面，促使难挥发的沾污物逸走，用滴管时注意勿使管尖碰触镜面。必要时可用揩镜纸轻轻揩拭镜面，但切勿用滤纸。待镜面干燥后，滴加数滴试样于辅助棱镜的毛镜面上，闭合辅助棱镜，旋紧锁钮。若试样易挥发，则可在二棱镜接近闭合时从加液小槽中加入，然后闭合二棱镜，锁紧锁钮。

③ 对光。转动手柄 R，使刻度盘标尺的示值为最小，于是调节反射镜，使入射光进入棱镜组，同时从测量望远镜中观察，使视场最亮。调节目镜，使视场准丝最清晰。

④ 粗调。转动手柄 R，使刻度盘标尺的示值逐渐增大，直到观察到视场中出现彩色光带或黑白临界线为止。

⑤ 消色散。转动消色散手柄 K，使视场内呈现一清晰的明暗临界线。

⑥ 精调。转动手柄 R，使临界线正好处于×形准丝交点上，如此时又呈现微色散，必须重新调节消色散手柄 K，使临界线明暗清晰。

⑦ 读数。为保护刻度盘的清洁，现在的折光仪一般都将刻度盘装在罩内，读数时应先打开罩壳上方的小窗，使光线射入，然后从读数望远镜中读出标尺上相应的示值。由于眼睛在判断临界线是否处于准丝交点上时，容易疲劳，为减少偶然误差，应转动手柄 R，重复测定三次，三个读数相差不能大于 0.0002，然后取其平均值。试样的成分对折射率的影响是极其灵敏的，由于污垢或试样中易挥发组分的蒸发，致使试样组分发生微小的改变，会导致读数不准确，因此测一试样应重复取三次样，测定这三个样品的数据，再取其平均值。

⑧ 仪器校正。折光仪的刻度盘上的标尺的零点有时会发生移动，须加以校正。校正的方法是用一已知折射率的标准液体，一般是用纯水，按上述方法进行测定，将平均值与标准值比较，其差值即为校正值。纯水的 $n_D^{20}=1.33339$，在 15～30℃之间的温度系数为－0.0001/℃。在精密的测定工作中，须在所测定范围内用几种折射率不同的标准液体进行校正，并画成校正曲线，以供测试时对照校核。附表 12 列出常用的标准液体折射率的有关数据。

3. 折射率测定的应用

一般液体的折射率可很方便地测到 1×10^{-4} 以上，所以通过折射率的测定可以用来鉴定液体的纯度，或用来测量一个双液系的浓度。此外，折射率与物质内部的电子运动状态有关，所以折射率是物质结构中某些状态的函数。这些函数中最著名的是摩尔折射度 R，其定义是 $R=\frac{n^2-1}{n^2+2}\frac{M}{\rho}$（式中 M 是分子量，ρ 是密度）。R 有这种性质：一种分子的摩尔折射度 $R_{分}$，等于组成这种分子的各原子的摩尔折射度 $R_{原}$ 和结构（如双键、三键）校正值 Δ 之和，

即 $R_{分}=\sum R_{原}+\sum\Delta$，因此可以从折射率的加和性来判断物质的结构。另外 R 值也为量子化学计算提供了某些线索。

附表 12　折光仪校正用的常用标准液体的折射率及其温度系数

液体名称	T/℃	n_D^{20}	$(-\frac{dn}{dT}\times10^5)$
甲醇	15	1.3307	39
水	15	1.33339	07
	20	1.33299	09
	25	1.33250	11
	30	1.33194	12
丙酮	15	1.3616	
	20	1.3591	50
醋酸	15	1.3739	38
	25	1.3698	
2,2,4-三甲基戊烷	20	1.3915	
	25	1.3890	
甲基环己烷	15	1.4256	47
	20	1.4231	
	25	1.4206	
三氯甲烷	15	1.4486	59
四氯化碳	15	1.4631	55
	20	1.4603	
	25	1.4576	
甲苯	15	1.4999	60
	25	1.4941	
苯	15	1.5044	63
	20	1.5012	
	25	1.4981	
氯苯	15	1.5275	54
	20	1.5247	
二溴甲烷	15	1.5446	55
溴苯	15	1.5625	49
三溴甲烷	15	1.6005	57
碘苯	15	1.6230	55
二硫化碳	15	1.6319	78
二碘甲烷	15	1.7443	64

二、旋光仪

通过对某些分子的旋光性的研究，可以了解其立体结构的许多重要规律。所谓旋光性就是指某一物质在一束平面偏振光通过时能使其偏振方向转过一个角度的性质。这个角度被称为旋光度，其方向和大小与该分子的立体结构有关，在溶液状态下旋光度还与其浓度有关。旋光仪就是用来测定平面偏振光通过具有旋光性的物质时，旋光度的方向和大小的。

1. 平面偏振光的产生

一般光源辐射的光，其光波在垂直于传播方向的一切方向上振动（圆偏振），这种光称为自然光。当一束自然光通过双折射的晶体（例如方解石）时，就分解为两束互相垂直的平面偏振光，如附图 23 所示。

这两束平面偏振光在晶体中的折射率不同，因而其临界折射角也不同，利用这个差别可以将两束光分开，从而获得单一的平面偏振光。聂柯尔棱镜（Nicol prism）就是根据这一原理来设计的，这是将方解石沿一定对角面剖开再用加拿大树胶黏合而成，如附图 24 所示。

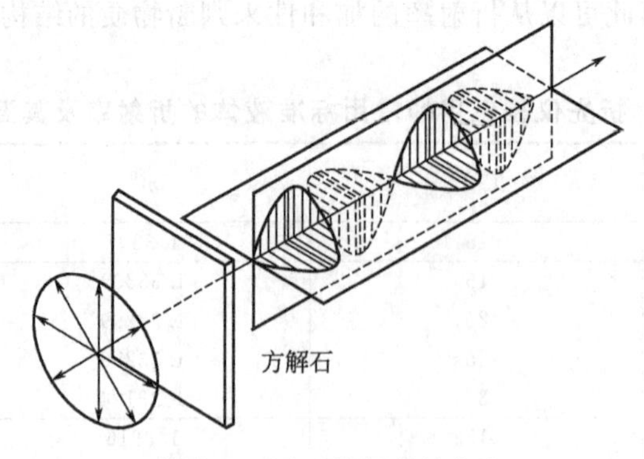

附图 23　平面偏振光的产生

当自然光进入聂柯尔棱镜时就分成两束互相垂直的平面偏振光，由于折射率不同，当这两束光到达方解石与加拿大树胶的界面上时，其中折射率较大的一束被全反射，而另一束可自由通过。全反射的一束光被直角面上的黑色涂层吸收，从而在聂柯尔棱镜的出射方向上获得一束单一的平面偏振光。在这里，聂柯尔棱镜称为起偏镜（polarizer)，它是被用来产生偏振光的。

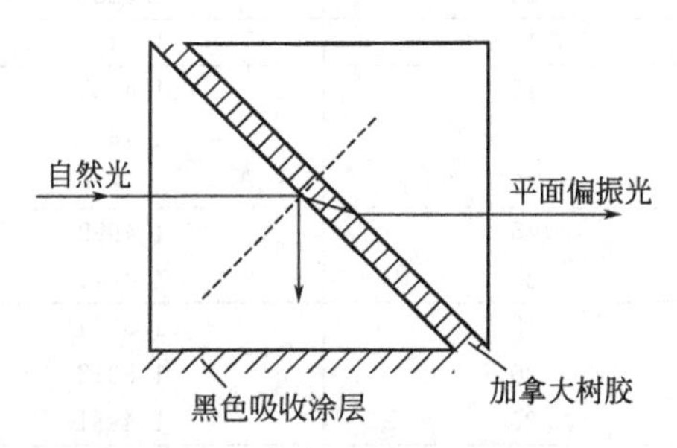

附图 24　聂柯尔棱镜的偏振原理

2. 平面偏振光的角度测量

偏振光振动平面在空间轴向角度位置的测量也是借助于一块聂柯尔棱镜，此处它被称为检偏镜（analyer)，它与刻度盘等机械零件组成一可同轴转动的系统，如附图 25 所示。由于聂柯尔棱镜只允许按某一方向振动的平面偏振光通过，因此如果检偏镜光轴的轴向角度与入射的平面偏振光的轴向角度不一致，则透过检偏镜的偏振光将发生衰减甚至不透过。现在解释如下：当一束光经过起偏镜（它是固定不动的）后，平面偏振光沿 OA 方向振动，如附图 26 所示，设 OB 为检偏镜允许偏振光透过的振动方向，OA 和 OB 的交角为 θ，则振幅为 E 的 OA 方向的平面偏振光可分解为两束互相垂直的平面偏振光分量，其振幅分别为 $E\cos\theta$ 和 $E\sin\theta$，其中只有与 OB 相重的分量 $E\cos\theta$ 可以透过检偏镜，而与 OB 垂直的分量 $E\sin\theta$ 则不能，显然当 $\theta=0°$时，$E\cos\theta=E$，透过检偏镜的光最强，此即检偏镜光轴的轴向角度转到与入射平面偏振光的轴向角度相重合的情况。当两者互相垂直时，$\theta=\frac{\pi}{2}$，$E\cos\frac{\pi}{2}=0$，此时就没有光透过检偏镜。由于刻度随着检偏镜一起同轴转动，因此就可以直接从刻度上读出被测平面偏振光的轴向角度（游标尺是固定不动的）。

3. 旋光仪和旋光度的测定

旋光仪就是利用检偏镜来测定旋光度的。如调节检偏镜使其透光的角度与起偏镜的透光轴向角度互相垂直，则在检偏镜前观察到的视场呈黑暗，再在起偏镜与检偏镜之间放一个盛

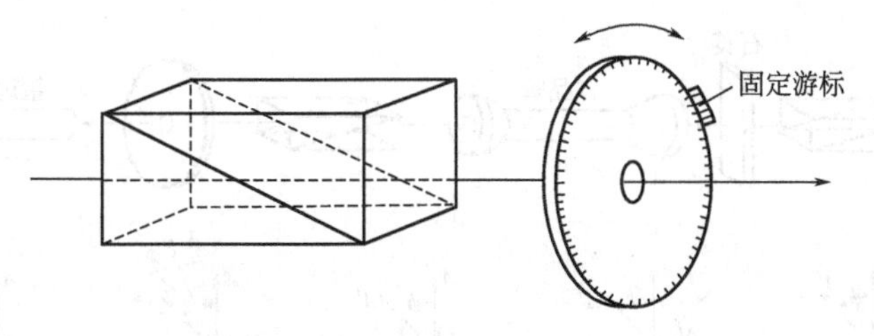

附图 25　聂柯尔检偏镜与刻度盘的相对关系

满旋光物质的样品管，则由于物质的旋光作用，使原来由起偏镜出来在 OA 方向振动的偏振光转过一个角度 α，这样在 OB 方向有一个分量，所以视野不呈黑暗，必须将检偏镜也相应地转过一个 α 角度，这样，视野才能重又恢复黑暗。因此检偏镜由第一次黑暗到第二次黑暗的角度差，即为被测物质的旋光度，如附图 27 所示。

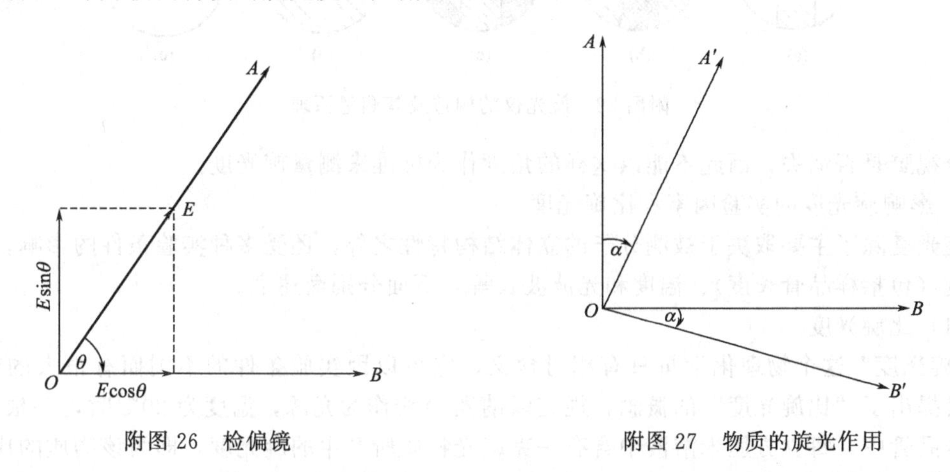

附图 26　检偏镜　　　　附图 27　物质的旋光作用

如果没有比较，要判断视场的黑暗程度是困难的。因此设计了一种三分视野（也有二分视野的），以提高测量的准确度。三分视野的装置和原理如下：在起偏镜后的中部装一狭长的石英片，其宽度约为视野的 1/3，由于石英片具有旋光性，从石英片中透过的那一部分偏振光被旋转了一角度 ϕ，如附图 28(a) 所示，此时从望远镜视野看起来透过石英片的那部分光稍暗，两旁的光很强，是由于此时检偏镜的透光轴向角度处于和起偏镜重合的位置，OA 是透过起偏镜后的偏振光轴向角度，OA' 是透过石英片后的轴向角度，OA 与 OA' 的夹角 ϕ 称为“半暗角”。旋转检偏镜使 OB 与 OA' 垂直，则 OA' 方向振动的偏振光不能通过检偏镜，因此如附图 28(b) 所示，视野中间一条是黑暗的，而石英片两边的偏振光 OA 由于在 OB 方向有一个分量 ON，因而视野两边较亮。同理如调节 OB 与 OA 垂直，则视野两边黑暗中间较亮，如附图 28(c) 所示。如果 OB 与半暗角中的等分线 PP' 垂直时，则 OA、OA' 在 OB 方向上的分量 ON 和 ON' 相等，这样如附图 28(d) 所示，视野中三个区内的明暗相等，此时三分视野消失，因此用这样的鉴别方法测量半暗角是最灵敏的。具体办法是：在样品管中充满（无气泡）无旋光性的蒸馏水，调节检偏镜的角度使三分视野消失，将此时的角度读作零点，再在样品管中换以被测试样，由于 OA 与 OA' 方向振动的偏振光都被转过一个 α 角度，必须将检偏镜也相应转过一个 α 角度，才能使 OB 与 PP' 重新垂直，三分视野再次消失，这个 α 角度，即为被测试样的旋光度。

从附图 28(e) 可以看出：如果将 OB 再顺时针方向转过 90°，使 OB 与 PP' 重合，则 OA 与 OA' 在 OB 方向上的分量仍然相等，但该分量太强，整个视野显得特别亮，反而不利于判

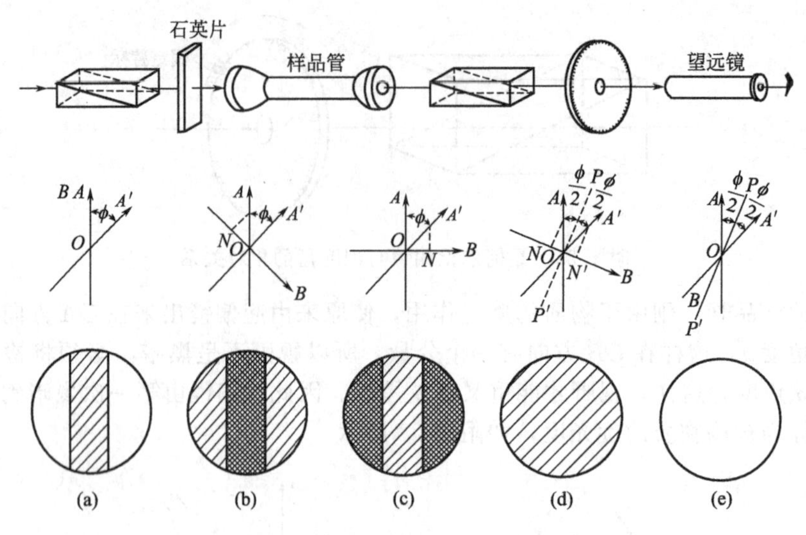

附图 28　旋光仪的构造及其测量原理

断三分视野是否消失，因此不能以这样的角度作为标准来测量旋光度。

4. 影响旋光度的实验因素和比旋光度

旋光度除了主要取决于被测分子的立体结构特性之外，还受多种实验条件的影响，特别是浓度（包括样品管长度）、温度和光波波长等，下面分别简述之。

（1）比旋光度

“旋光度”这个物理化学量只有相对含义，它可以因实验条件的不同而有很大的差异。所以又提出了“比旋光度”的概念，规定以钠光 D 线作为光源，温度为 20℃时，一根 10cm 长的样品管中，每立方厘米溶液中含有一克旋光物质所产生的旋光度，即为该物质的比旋光度，通常用符号 $\langle\alpha\rangle$ 表示，它与上述各种实验因素的关系为：

$$\langle\alpha\rangle=\frac{10\alpha}{Lc}$$

式中，α 称为测量所得的旋光度值；L 为样品管长，cm；c 为每立方厘米溶液中旋光物质的克数。比旋光度可用来度量物质的旋光能力，并有左旋与右旋的差别，这是指测定时检偏镜是逆时针还是顺时针方向转动的数据，如果是左旋，则应在 $\langle\alpha\rangle$ 值前面加“－”，例如 $\langle\alpha\rangle_{蔗糖}=66.55°$、$\langle\alpha\rangle_{葡萄糖}=52.5°$，都是右旋物质；$\langle\alpha\rangle_{果糖}=-91.9°$，是左旋物质。

（2）浓度及样品管长度的影响

旋光度与旋光物质的溶液浓度成正比，在其他实验条件相对固定情况下，可以很方便地利用这一关系来测量旋光物质的浓度值及其变化（事先作出一条浓度-旋光度标准曲线）。在近代一些新型的旋光仪中，三分视野的检测以及检偏镜角度的调整都是通过光-电检测、电子放大及机械反馈系统自动进行，最后用数字显示或自动记录等二次仪表显示旋光物质的浓度值及其变化，因此可用于常规浓度测定、反应动力学研究以及工业过程的自动检测和控制。

旋光度也与样品管长度成正比，通常旋光仪中的样品管有 10cm 和 20cm 两种长度，一般均选用 10cm 长度的，这样换算成比旋光度比较方便，但对旋光能力较弱或溶液浓度太稀的样品，则需用 20cm 的样品管。

（3）温度的影响

旋光度受温度的影响比较敏感，这涉及到物质分子不同构型之间平衡态的改变，以及溶剂-溶质分子之间相互作用改变等内在原因，但就总的结果来看，旋光度具有负的温度系数，并且随着温度升高，温度系数愈负，其间存在简单的线性关系，且随各种物质的构型不同而异，但一般均在－（0.01～0.04）度$^{-1}$之间，因此在测试时必须对试样进行恒温控制，在精密测定时必须用装有恒温水夹套的样品管，恒温水由超级恒温槽循环控制。在要求不太高的测试工作中可以将旋光仪（光源除外）放在空气恒温箱内，用普通的样品管进行测量，但要求将被测试样预先恒温（温度与恒温箱中的相同，一般选择在超过室温 5℃的温度下进行），然后注入样品管，再恒温 3～5min 进行测量。

（4）光源波长的影响

一种分子的比旋光度是波长的函数，其变化可用旋光光谱仪（spectropholarimeter）来测定，旋光光谱曲线反映了被测分子的特性，特别是旋光色散（optical rotatory dipersion）曲线对有机分子的分析很有用。对于一般旋光物质的旋光测量，原则上也应选择对其最灵敏的波长作为光源，但实际上常用钠灯的 D 线（5890Å）作为光源，如需要特殊波长的光源，则可用汞灯再加特定的滤色片或单色仪组合起来使用。

（5）其他因素的影响

这里值得一提的是样品管的玻璃窗口，如附图 29 所示，窗口是用光学玻璃片加工制成的，用螺丝帽盖及橡皮垫圈拧紧，但不能拧得过紧，以不漏水为限，否则，光学玻璃会受应力而产生一种附加的亦即“假的”偏振作用，给测量造成误差。

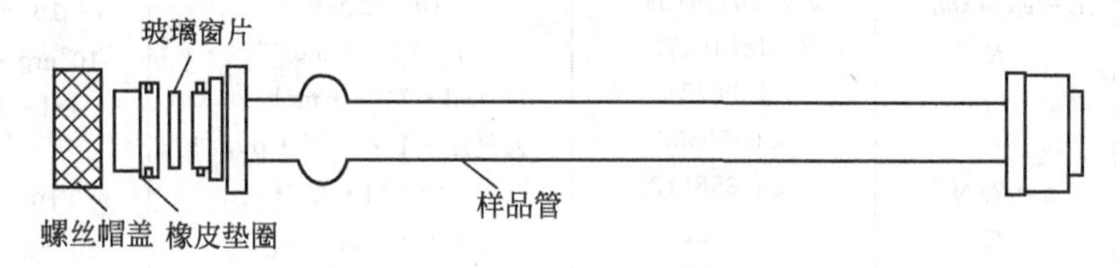

附图 29　样品管的构造

旋光仪和所有的光学仪器一样，在使用过程中，须当心使用和妥善保养。平时用防尘罩盖好，以免灰尘侵入。使用前后用清洁柔软的揩布或镜头纸揩擦镜头。在使用时，仪器金属部分切忌沾污酸碱。在样品管中装好溶液后，管的周围及两端的玻璃片均应保持洁净，样品管用后要用水洗净并晾干。不要随便拆卸仪器，以免零件变动。使用时，切勿将光源（钠灯）直接插到 220V 电源上，一定要经过镇流器。使用仪器之前必须了解仪器的构造原理、仪器的性能及使用时的注意事项，熟悉仪器刻度的读数。

301 型旋光仪的仪器结构如附图 30 所示。

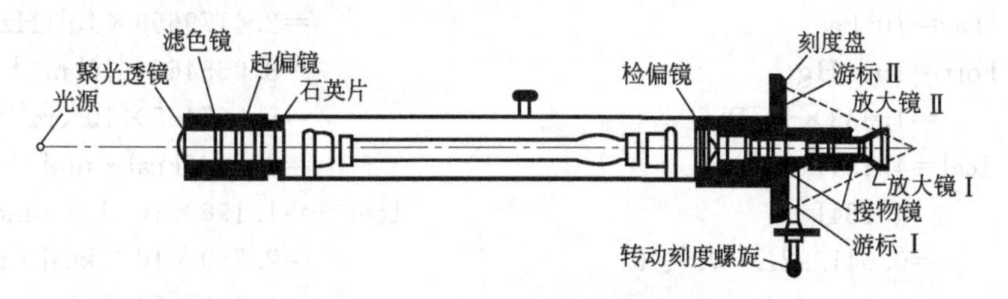

附图 30　301 型旋光仪的结构示意图

使用时光线的行程，从光源到接目镜经过下列部分：光源→聚光透镜→滤色镜→起偏镜→石英片→护玻片→样品管→护玻片→检偏镜→接物镜→光栏→接目镜。光源座架与仪器相连，无须照明灯位置，光源为特制的钠光灯泡，为单色黄光，波长是 5893Å。若用普通钨丝灯泡，则必须用滤波片，以免由于旋光色散现象使视野中的色彩不一样，难以估计光强。

附录二 部分物理化学常数及换算因子

1. 物理化学常数

附表 13 物理化学常数

常数名称	符号	数值	单位(SI)	单位(cgs)
真空光速	C_0	2.99792458(12)	$10^8 m \cdot s^{-1}$	$10^{10} cm \cdot s^{-1}$
基本电荷	e	1.60217733(49)	$10^{-19} C$	$10^{-20} cm^{\frac{1}{2}} \cdot g^{\frac{1}{2}}$
阿佛加德罗常数	N_A	6.0221367(36)	$10^{23} mol^{-1}$	
原子质量单位	u	1.6605655	$10^{-27} kg$	$10^{-24} g$
电子静止质量	m_e	9.1093897(54)	$10^{-31} kg$	$10^{-28} g$
质子静止质量	m_p	1.6726231(10)	$10^{-27} kg$	$10^{-24} g$
法拉第常数	F	9.6485309(29)	$10^4 C \cdot mol^{-1}$	$10^3 \cdot cm^{\frac{1}{2}} \cdot g^{\frac{1}{2}} \cdot mol^{-1}$
普朗克常数	h	6.6260755(40)	$10^{-34} J \cdot s$	$10^{-27} erg \cdot s$
电子质荷比	e/m_e	1.7588047	$10^{11} C \cdot kg^{-1}$	$10^7 cm^{0.5} \cdot g^{-0.5}$
里德堡常数	R_∞	1.0973731534(13)	$10^7 m^{-1}$	$10^5 cm^{-1}$
质子回磁比	r_p	2.6751987	$10^8 rad \cdot s^{-1} \cdot T^{-1}$	$10^4 rad \cdot s^{-1} \cdot Gs^{-1}$
玻尔磁子	$\mu_B = eh/4\pi m_e$	9.2740154(31)	$10^{-24} J \cdot T^{-1}$	$10^{-21} erg \cdot Gs^{-1}$
气体常数	R	8.314510(70)	$J \cdot ℃^{-1} \cdot mol^{-1}$	$10^7 erg \cdot ℃^{-1} \cdot mol^{-1}$
		1.9872	$cal \cdot ℃^{-1} \cdot mol^{-1}$	$cal \cdot ℃^{-1} \cdot mol^{-1}$
		0.0820558	大气压 $\cdot L \cdot ℃^{-1} \cdot mol^{-1}$	
玻尔兹曼常数	$k = R/N_A$	1.380658(12)	$10^{-23} J \cdot ℃^{-1}$	$10^{-16} erg \cdot ℃^{-1}$
万有引力常数	G	6.6720	$10^{-11} N \cdot m^2 \cdot kg^{-2}$	$10^{-8} dyn \cdot cm^{-2} \cdot g^{-2}$
重力加速度	g	9.80665	$m \cdot s^{-2}$	$10^2 cm \cdot s^{-2}$

注：括号中数字是标准偏差。

2. 换算因子

1 标准大气压 = 101325Pa
= 1.01325bar
= 760mmHg (0℃)
= $1.01325 \times 10^{-6} dyn \cdot cm^{-2}$
= $14.6960 lbf \cdot in^{-2}$

1bar = 10^5 Pa

1Torr = 1mmHg
= 1.333×10^2 Pa

1cal = 4.184×10^7 erg
= 4.184J
= 0.041292L · 大气压
= 42664.9gf · cm
= 0.426649kgf · m

1J = 0.23901cal
= $9.8691 cm^3$ · 大气压
= 10^7 erg
= 10197.16gf · cm

1L · 大气压 = 24.2176cal
= 101.325J
= 10.3324kgf · m

1eV = $1.6021917 \times 10^{-19}$ J
= $1.6021917 \times 10^{-12}$ erg
= 2.4179659×10^{14} Hz
= $8.065465 \times 10^5 m^{-1}$
= $8.065465 \times 10^3 cm^{-1}$
= $23.061 kcal \cdot mol^{-1}$

$1 cm^{-1} = 1.196 \times 10^{-2} kJ \cdot mol^{-1}$
= $2.859 \times 10^{-3} kcal \cdot mol^{-1}$
= 1.240×10^{-4} eV

1L = $1000.028 cm^3$

$\ln X = 2.302585 \lg X$

附录三　部分物理化学常用数据表

附表 14　国际原子量表（附熔点）

元素		符号	原子序	相对原子质量	熔点/℃
Hydrogen	氢	H	1	1.0079	−259.14
Helium	氦	He	2	4.00260	−272.2(26atm)
Lithium	锂	Li	3	6.941	180.54
Beryllium	铍	Be	4	9.01218	1278
Boron	硼	B	5	10.81	2300
Carbon	碳	C	6	12.011	约 3550
Nitrogen	氮	N	7	14.0067	−209.86
Oxygen	氧	O	8	15.9994	−218.4
Fluorine	氟	F	9	18.998403	−219.62
Neon	氖	Ne	10	20.179	−248.67
Sodium(Natrium)	钠	Na	11	22.98977	97.81
Magnesium	镁	Mg	12	24.305	648.8
Aluminum	铝	Al	13	26.98154	660.37
Silicon	硅	Si	14	28.0855	1410
Phosphorus	磷	P	15	30.97376	44.1(white)
Sulfur	硫	S	16	32.06	112.8
Chlorine	氯	Cl	17	35.453	−100.98
Argon	氩	Ar	18	39.948	−189.2
Potassium(Kalium)	钾	K	19	39.0983	63.65
Calcium	钙	Ca	20	40.08	839
Scandium	钪	Sc	21	44.9559	1539
Titanium	钛	Ti	22	47.90	1660
Vanadium	钒	V	23	50.9415	1890
Chromium	铬	Cr	24	51.996	1857
Manganese	锰	Mn	25	54.9380	1244
Iron,ferrum	铁	Fe	26	55.847	1535
Cobalt	钴	Co	27	58.9332	1495
Nickel	镍	Ni	28	58.70	1453
Copper	铜	Cu	29	63.546	1083.4
Zine	锌	Zn	30	65.38	419.58
Gallium	镓	Ga	31	69.72	29.78
Germanium	锗	Ge	32	72.59	937.4
Arsenic	砷	As	33	74.9216	817(28atm)
Selenium	硒	Se	34	78.96	217
Bromine	溴	Br	35	79.904	−7.2
Krypton	氪	Kr	36	83.80	−156.6
Rubidium	铷	Rb	37	85.4678	38.89
Strontium	锶	Sr	38	87.62	769
Yttrium	钇	Y	39	88.9059	1523
Zirconium	锆	Zr	40	91.22	1852
Niobium(Columbium)	铌	Nb	41	92.9064	2468
Molybdenum	钼	Mo	42	95.94	2617
Technetium	锝	Tc	43	(97)	2172
Ruthenium	钌	Ru	44	101.07	2310
Rhodium	铑	Rh	45	102.9055	1966
Palladium	钯	Pd	46	106.4	1552

续表

元　素		符号	原子序	相对原子质量	熔点/℃
Silver(Argentums)	银	Ag	47	107.868	961.93
Cadmium	镉	Cd	48	112.41	320.9
Indium	铟	In	49	114.82	156.61
Tin,stannum	锡	Sn	50	118.69	231.9681
Antimony(Stibium)	锑	Sb	51	121.75	630.74
Tellurium	碲	Te	52	127.60	449.5
Iodine	碘	I	53	126.9045	113.5
Xenon	氙	Xe	54	131.30	−111.9
Cesiun	铯	Cs	55	132.9054	28.40
Barium	钡	Ba	56	137.33	725
Lanthanum	镧	La	57	138.9055	920
Cerium	铈	Ce	58	140.12	798
Praseodymiun	镨	Pr	59	140.9077	931
Neodymium	钕	Nd	60	144.24	1010
Promethium	钷	Pm	61	(145)	约 1080
Samarium	钐	Sm	62	150.4	1072
Europium	铕	Eu	63	151.96	82
Gadolinium	钆	Gd	64	157.25	1311
Terbium	铽	Tb	65	158.9254	1360
Dysprosium	镝	Dy	66	162.50	1409
Holmium	钬	Ho	67	164.9304	1470
Erbium	铒	Er	68	167.26	1522
Thulium	铥	Tm	69	168.9342	1545
Ytterbium	镱	Yb	70	173.04	824
Lutetium	镥	Lu	71	174.967	1656
Hafnium	铪	Hf	72	178.49	2227
Tantalum	钽	Ta	73	180.9479	2996
Tungsten(Wolfram)	钨	W	74	183.85	3410
Rhenium	铼	Re	75	186.2	3180
Osmium	锇	Os	76	190.2	3045
Iridium	铱	Ir	77	192.22	2410
Platinum	铂	Pt	78	195.09	1772
Gold,aurum	金	Au	79	196.9665	1064.43
Mercury(Hydrargyrum)	汞	Hg	80	200.59	−38.87
Thallium	铊	Tl	81	204.37	303.5
Lead,plumbum	铅	Pb	82	207.2	327.502
Bismuth	铋	Bi	83	208.9804	271.3
Polonium	钋	Po	84	(209)	254
Astatine	砹	At	85	(210)	302
Radon	氡	Rn	86	(222)	−71
Francium	钫	Fr	87	(223)	(227)
Radium	镭	Ra	88	226.0254	700
Actinium	锕	Ac	89	227.028	1050
Thorium	钍	Th	90	232.0381	1750
Protactinium	镤	Pa	91	231.0359	＜1600
Uranium	铀	U	92	238.029	1132.3
Neptunium	镎	Np	93	237.0482	640
Plutonium	钚	Pu	94	(244)	641
Amcricium	镅	Am	95	(243)	994
Curium	锔	Cm	96	(247)	1340
Berkelium	锫	Bk	97	(247)	—
Californium	锎	Cf	98	(251)	—
Einsteinium	锿	Es	99	(254)	—
Fermium	镄	Fm	100	(257)	—

续表

元素		符号	原子序	相对原子质量	熔点/℃
Mendelevium	钔	Md	101	(258)	—
Nobelium	锘	No	102	(259)	—
Lawrencium	铹	Lr	103	(260)	—

注：以上数据取自 Robert C. Weast，Handbook of Chemistry and Physics，59th ed. 1978～1979，B—1，CRC Press，Inc。

附表 15 环己烷-乙醇溶液 15℃ 折射率

环己烷(摩尔分数)	0.00	0.054	0.0929	0.1726	0.2820	0.3667
折射率	1.3630	1.3681	1.3718	1.3788	1.3870	1.3930
环己烷(摩尔分数)	0.4639	0.5678	0.6683	0.6736	0.8742	1.000
折射率	1.4002	1.4060	1.4116	1.4126	1.4223	1.4282

附表 16 不同温度下液体的密度

单位：$g \cdot mL^{-1}$

温度/℃	水	苯	甲苯	乙醇	氯仿	汞	醋酸
0	0.9998425		0.886	0.806	1.526	13.596	1.0718
5	0.9999668	—	—	0.802	—	13.586	1.0660
10	0.9997026	0.887	0.875	0.798	1.496	13.571	1.0603
11	0.9996081	—	—	0.797	—	13.568	1.0591
12	0.9995004	—	—	0.796	—	13.566	1.0580
13	0.9993801	—	—	0.795	—	13.563	1.0568
14	0.9992474	—	—	0.795	—	13.561	1.0557
15	0.9991026	0.883	0.870	0.794	1.486	13.559	1.0546
16	0.9989460	0.882	0.869	0.793	1.484	13.556	1.0534
17	0.9987779	0.882	0.867	0.792	1.482	13.554	1.0523
18	0.9985986	0.881	0.866	0.791	1.480	13.551	1.0512
19	0.9984082	0.880	0.865	0.790	1.478	13.549	1.0500
20	0.9982071	0.879	0.864	0.789	1.476	13.546	1.0489
21	0.9979955	0.879	0.863	0.788	1.474	13.544	1.0478
22	0.9977735	0.878	0.862	0.787	1.472	13.541	1.0467
23	0.9975415	0.877	0.861	0.786	1.471	13.539	1.0455
24	0.9972995	0.876	0.860	0.786	1.469	13.536	1.0444
25	0.9970479	0.875	0.859	0.785	1.467	13.534	1.0433
26	0.9967867	—	—	0.784	—	13.532	1.0422
27	0.9965162	—	—	0.784	—	13.529	1.0410
28	0.9962365	—	—	0.783	—	13.527	1.0399
29	0.9959478	—	—	0.782	—	13.524	1.0388
30	0.9956502	0.869	—	0.781	1.460	13.522	1.0377
40	0.9922187	0.858	—	0.772	1.451	13.497	—
50	0.9880393	0.847	—	0.763	1.433	13.473	—
90	0.9653230	0.836	—	0.754	1.411	13.376	

注：1. 水在温度为 15～50℃之间的相对密度（校正到 0.01%～0.03%），可以用下列经验方程式来计算：

$$d=1.01699-\frac{14.290}{940-9T}$$

上式中 d 是水的相对密度（与 4℃的水比较）；T 是 15～50℃间的温度，℃。

2. 醋酸的密度可以用下列经验方程式来计算：

$$d=1.0718-1.162\times10^{-3}T+0.985\times10^{-6}T^2-5.75\times10^{-9}T^3$$

上式中 d 是醋酸的密度；T 为温度，℃。

附表 17 几种液体的黏度（以厘泊为单位）

温度/℃	水	苯	乙醇	氯仿
0	1.787	0.912	1.785	0.699
10	1.307	0.758	1.451	0.625
15	1.139	0.698	1.345	0.597
16	1.109	0.685	1.320	0.591
17	1.081	0.677	1.290	0.586
18	1.053	0.666	1.265	0.580
19	1.027	0.656	1.238	0.574
20	1.002	0.647	1.216	0.568
21	0.9779	0.638	1.188	0.562
22	0.9548	0.629	1.186	0.556
23	0.9325	0.621	1.143	0.551
24	0.9111	0.611	1.123	0.545
25	0.8904	0.601	1.103	0.540
30	0.7975	0.566	0.991	0.514
40	0.6529	0.482	0.823	0.464
50	0.5468	0.436	0.701	0.424
60	0.4665	0.395	0.591	0.389

附表 18 不同温度下水的密度、表面张力、黏度、蒸气压

温度/℃	密度 ρ/kg·m^{-3}	表面张力 σ/N·m^{-1}	黏度 η/Pa·s	蒸气压 p/kPa
0	999.8425		0.001787	0.6105
1	999.9015		0.001728	0.6567
2	999.9429	0.07564	0.001671	0.7058
3	999.9672		0.001618	0.7579
4	999.9750		0.001567	0.8134
5	999.9668		0.001519	0.8723
6	999.9432		0.001472	0.9350
7	999.9045	0.07492	0.001428	1.0016
8	999.8512		0.001386	1.0726
9	999.7838		0.001346	1.1477
10	999.7026	0.07422	0.001307	1.2278
11	999.6081	0.07407	0.001271	1.3124
12	999.5004	0.07393	0.001235	1.4023
13	999.3801	0.07378	0.001202	1.4973
14	999.2474	0.07364	0.001169	1.5981
15	999.1026	0.07349	0.001139	1.7049
16	998.9460	0.07334	0.001109	1.8177
17	998.7779	0.07319	0.001081	1.9372
18	998.5986	0.07305	0.001053	2.0634
19	998.4082	0.07290	0.001027	2.1967
20	998.2071	0.07275	0.001002	2.3378
21	997.9955	0.07259	0.0009779	2.4865
22	997.7735	0.07244	0.0009548	2.6634
23	997.5415	0.07228	0.0009325	2.8088
24	997.2995	0.07213	0.0009111	2.9833

续表

温度/℃	密度 ρ/kg·m^{-3}	表面张力 σ/N·m^{-1}	黏度 η/Pa·s	蒸气压 p/kPa
25	997.0479	0.07197	0.0008904	3.1672
26	996.7867	0.07182	0.0008705	3.3609
27	996.5162	0.07166	0.0008513	3.5649
28	996.2365	0.07150	0.0008327	3.7795
29	995.9478	0.07135	0.0008148	4.0054
30	995.6502		0.0007975	4.2428
31	995.3440		0.0007808	4.4923
32	995.0292	0.07118	0.0007647	4.7547
33	994.7060		0.0007491	5.0312
34	994.3745		0.0007340	5.3193
35	994.0349		0.0007194	5.4895
36	993.6872		0.0007025	5.9412
37	993.3316	0.07038	0.0006915	6.2751
38	992.9683		0.0006783	6.6250
39	992.5973		0.0006654	6.9917

附表 19 镍铬-镍硅（铝）热电偶（EU-2）分度表（℃-mV）

T/℃	0	1	2	3	4	5	6	7	8	9
0	0	0.04	0.08	0.12	0.16	0.20	0.24	0.28	0.32	0.36
10	0.40	0.44	0.48	0.52	0.56	0.60	0.64	0.68	0.72	0.76
20	0.80	0.84	0.88	0.92	0.96	1.00	1.04	1.08	1.12	1.16
30	1.20	1.24	1.28	1.32	1.36	1.41	1.45	1.49	1.53	1.57
40	1.61	1.65	1.69	1.73	1.77	1.82	1.86	1.90	1.94	1.98
50	2.02	2.06	2.10	2.14	2.18	2.23	2.27	2.31	2.35	2.39
60	2.43	2.47	2.51	2.56	2.60	2.64	2.68	2.72	2.77	2.81
70	2.85	2.89	2.93	2.97	3.01	3.06	3.10	3.14	3.18	3.22
80	3.26	3.30	3.34	3.39	3.43	3.47	3.51	3.55	3.60	3.64
90	3.68	3.72	3.76	3.81	3.85	3.89	3.93	3.97	4.02	4.06
100	4.10	4.14	4.18	4.22	4.26	4.31	4.35	4.39	4.43	4.47
110	4.51	4.55	4.59	4.63	4.67	4.72	4.76	4.80	4.84	4.88
120	4.92	4.96	5.00	5.04	5.08	5.13	5.17	5.21	5.25	5.29
130	5.33	5.37	5.41	5.45	5.49	5.53	5.57	5.61	5.65	5.69
140	5.73	5.77	5.81	5.85	5.89	5.93	5.97	6.01	6.05	6.09
150	6.13	6.17	6.21	6.25	6.29	6.33	6.37	6.41	6.45	6.49
160	6.53	6.57	6.61	6.65	6.69	6.73	6.77	6.81	6.85	6.89
170	6.93	6.97	7.01	7.05	7.09	7.13	7.17	7.21	7.25	7.29
180	7.33	7.37	7.41	7.45	7.49	7.53	7.57	7.61	7.65	7.69
190	7.73	7.77	7.81	7.85	7.89	7.93	7.97	8.01	8.05	8.09
200	8.13	8.17	8.21	8.25	8.29	8.33	8.37	8.41	8.45	8.49
210	8.53	8.57	8.61	8.65	8.69	8.73	8.77	8.81	8.85	8.89
220	8.93	8.97	9.01	9.05	9.09	9.14	9.18	9.22	9.26	9.30
230	9.34	9.38	9.42	9.46	9.50	9.54	9.58	9.62	9.66	9.70
240	9.74	9.78	9.82	9.86	9.90	9.95	9.99	10.03	10.07	10.11
250	10.15	10.19	10.23	10.27	10.31	10.35	10.40	10.44	10.48	10.52
260	10.56	10.60	10.64	10.68	10.72	10.77	10.81	10.85	10.89	10.93
270	10.97	11.01	11.05	11.09	11.13	11.18	11.22	11.26	11.30	11.34
280	11.38	11.42	11.46	11.50	11.55	11.59	11.63	11.67	11.72	11.76
290	11.80	11.84	11.88	11.92	11.96	12.01	12.05	12.09	12.13	12.17

续表

T/℃	0	1	2	3	4	5	6	7	8	9
300	12.21	12.25	12.29	12.33	12.37	12.42	12.46	12.50	12.54	12.58
310	12.62	12.66	12.70	12.74	12.79	12.83	12.87	12.91	12.96	13.00
320	13.04	13.08	13.12	13.16	13.20	13.25	13.29	13.33	13.37	13.41
330	13.45	13.49	13.53	13.58	13.62	13.66	13.70	13.74	13.79	13.83
340	13.87	13.91	13.95	14.00	14.04	14.08	14.12	14.16	14.21	14.25
350	14.30	14.34	14.38	14.43	14.47	14.51	14.55	14.59	14.64	14.68
360	14.72	14.76	14.80	14.85	14.89	14.93	14.97	15.01	15.05	15.10
370	15.14	15.18	15.22	15.27	15.31	15.35	15.39	15.43	15.48	15.52
380	15.56	15.60	15.64	15.69	15.73	15.77	15.81	15.85	15.90	15.94
390	15.98	16.02	16.06	16.11	16.15	16.19	16.23	16.27	16.32	16.36
400	16.40	16.44	16.48	16.53	16.57	16.62	16.66	16.70	16.74	16.79
410	16.83	16.87	16.91	16.96	17.00	17.04	17.08	17.12	17.17	17.21
420	17.25	17.29	17.33	17.38	17.42	17.46	17.50	17.54	17.59	17.63
430	17.67	17.71	17.75	17.79	17.84	17.88	17.92	17.96	18.01	18.05
440	18.09	18.13	18.17	18.22	18.26	18.30	18.34	18.38	18.43	18.47
450	18.51	18.55	18.60	18.64	18.68	18.73	18.77	18.81	18.85	18.90
460	18.94	18.98	19.03	19.07	19.11	19.16	19.20	19.24	19.28	19.33
470	19.37	19.41	19.45	19.50	19.54	19.58	19.62	19.66	19.71	19.75
480	19.79	19.83	19.88	19.92	19.96	20.01	20.05	20.09	20.13	20.18
490	20.22	20.26	20.31	20.35	20.39	20.44	20.48	20.52	20.56	20.61
500	20.65	20.69	20.74	20.78	20.82	20.87	20.91	20.95	20.99	21.04
510	21.08	21.12	21.16	21.21	21.25	21.29	21.33	21.37	21.42	21.46
520	21.50	21.54	21.59	21.63	21.67	21.72	21.76	21.80	21.84	21.89
530	21.93	21.97	22.01	22.06	22.10	22.14	22.18	22.22	22.27	22.31
540	22.35	22.39	22.44	22.48	22.52	22.57	22.61	22.65	22.69	22.74
550	22.78	22.82	22.87	22.91	22.95	23.00	23.04	23.08	23.12	23.17
560	23.21	23.25	23.29	23.34	23.38	23.42	23.46	23.50	23.55	23.59
570	23.63	23.67	23.72	23.76	23.80	23.85	23.89	23.93	23.97	24.02
580	24.06	24.10	24.15	24.19	24.23	24.28	24.32	24.36	24.40	24.45
590	24.49	24.53	24.57	24.62	24.66	24.70	24.74	24.78	24.83	24.87
600	24.91	24.95	25.00	25.04	25.08	25.12	25.16	25.20	25.24	25.28
610	25.33	25.38	25.42	25.47	25.51	25.55	25.59	25.63	25.68	25.72
620	25.76	25.80	25.85	25.89	25.93	25.98	26.02	26.06	26.10	26.15
630	26.19	26.23	26.27	26.32	26.36	25.40	26.44	26.48	26.53	26.57
640	26.61	26.65	26.70	26.74	26.78	26.83	26.87	26.91	26.95	27.00
650	27.04	27.08	27.12	27.17	27.21	27.25	27.29	27.33	27.38	27.42
660	27.46	27.50	27.54	27.58	27.63	27.67	27.71	27.75	27.80	27.84
670	27.88	27.92	27.96	28.01	28.05	28.09	28.13	28.17	28.22	28.26
680	28.30	28.34	28.39	28.43	28.47	28.52	28.56	28.60	28.64	28.69
690	28.73	28.77	28.81	28.86	28.90	28.94	28.98	29.02	29.07	29.11
700	29.15	29.19	29.23	29.28	29.32	29.36	29.40	29.44	29.49	29.53
710	29.57	29.61	29.65	29.70	29.74	29.78	29.82	29.86	29.91	28.95
720	29.99	30.03	30.07	30.12	30.16	30.20	30.24	30.28	30.33	30.37
730	30.41	30.45	30.49	30.54	30.58	30.62	30.66	30.70	30.75	30.79
740	30.83	30.87	30.91	30.95	30.99	31.04	31.08	31.12	31.16	31.20
750	31.24	31.28	30.32	31.37	31.41	31.45	31.49	31.53	31.58	31.62
760	31.66	31.70	31.74	31.79	31.83	31.87	31.91	31.95	32.00	32.04
770	32.08	32.12	32.16	32.20	32.24	32.29	32.33	32.37	32.41	32.45
780	32.49	32.53	32.57	32.62	32.66	32.70	32.74	32.78	32.83	32.87
790	32.90	32.94	32.98	33.03	33.07	33.12	33.16	33.20	33.24	33.28

续表

T/℃	0	1	2	3	4	5	6	7	8	9
800	33.32	33.36	33.40	33.44	33.48	33.52	33.56	33.60	33.64	33.68
810	33.72	33.76	33.80	33.84	33.88	33.93	33.97	34.01	34.05	34.09
820	34.13	34.17	34.21	34.25	34.29	34.34	34.38	34.42	34.46	34.50
830	34.54	34.58	34.62	34.66	34.70	34.75	34.79	34.83	34.87	34.91
840	34.95	34.99	35.03	35.07	35.11	35.15	35.20	35.24	35.28	35.32
850	35.36	35.40	35.44	35.48	35.52	35.56	35.60	35.64	35.68	35.72
860	35.76	35.80	35.84	35.88	35.92	35.97	36.01	36.05	36.09	36.13
870	36.17	36.21	36.25	36.29	36.33	36.37	36.41	36.45	36.49	36.53
880	36.57	36.61	36.65	36.69	36.73	36.77	36.81	36.85	36.89	36.93
890	36.97	37.01	37.05	37.09	37.13	37.17	37.21	37.25	37.29	37.33
900	37.37	37.41	37.45	37.49	37.53	37.57	37.61	37.65	37.69	37.73
910	37.77	37.81	37.85	37.89	37.93	37.97	38.01	38.05	38.09	38.13
920	38.17	38.21	38.25	38.29	38.33	38.37	38.41	38.45	38.49	38.53
930	38.57	38.61	38.65	38.69	38.73	38.77	38.81	38.85	38.89	38.93
940	38.97	39.01	39.05	39.09	39.13	39.17	39.20	39.24	39.28	39.32
950	39.36	39.40	39.44	39.48	39.52	39.56	39.60	39.64	39.68	39.72
960	39.76	39.80	39.84	39.88	39.92	39.96	39.99	40.03	40.07	40.11
970	40.15	40.19	40.23	40.27	40.31	40.35	40.38	40.42	40.46	40.50
980	40.54	40.58	40.62	40.66	40.70	40.74	40.77	40.81	40.85	40.89
990	40.93	40.97	41.01	41.05	41.09	41.13	41.16	41.20	41.24	41.28
1000	41.32	41.36	41.40	41.44	41.48	41.52	41.55	41.59	41.63	41.67
1010	41.71	41.75	41.79	41.82	41.86	41.90	41.94	41.98	42.01	42.05
1020	42.09	42.13	42.17	42.21	42.25	42.29	42.32	42.36	42.40	42.44
1030	42.48	42.52	42.56	42.60	42.64	42.68	42.71	42.75	42.79	42.83
1040	42.87	42.91	42.95	42.98	43.02	43.06	43.10	43.14	43.18	43.22
1050	43.26	43.30	43.34	43.37	43.40	43.44	43.48	43.52	43.56	43.60
1060	43.64	43.68	43.72	43.75	43.78	43.82	43.86	43.90	43.94	43.98

附录四　无纸记录仪的使用和在物理化学实验中的应用

SunyLAB200系列无纸实验记录仪运行与组态操作

一、键盘

SunyLAB200无纸实验记录仪共有六个键，如附图31所示。根据仪表是处于运行状态还是组态状态，每个键的功能也有所不同。具体功能可参考附表20。

附表20　键的功能

符号 \ 描述	功能		符号 \ 描述	功能	
	运行状态	组态状态		运行状态	组态状态
(开始)	采样开始	增大数值	(右移)	向后查阅历史数据	向后移动光标
(停止)	采样停止	减小数值	(时标)	切换时标	
(左移)	向前查阅历史数据	向前移动光标	(确认)	切换运行画面	确认当前操作

二、运行画面

正常运行过程中SunyLAB200系列无纸实验记录仪所显示的画面为运行画面，可分为实时和历史追忆运行画面。

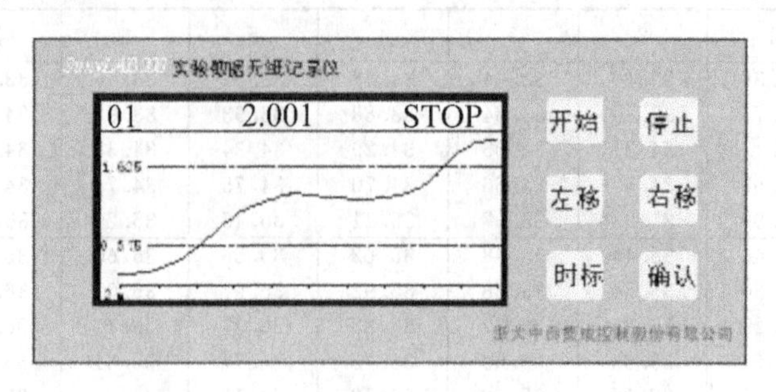

附图 31

1. 实时画面

系统开机后首先自动进行自检，其显示画面如附图 32 所示。

附图 32

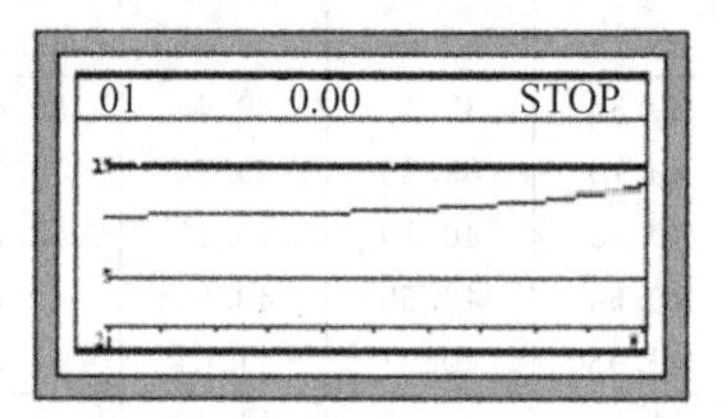

附图 33

(1) 进入运行画面

确认系统无误后，按(确认)键。

系统进入运行画面，默认的运行画面为“实时画面”。

实时画面显示的内容有本机地址、采样值、运行状态、趋势曲线、时标。

如附图 33 所示，右上角显示 STOP，表示现在记录仪处于 STOP 状态，即停止采样和记录。按(开始)键，记录仪开始采样（SunyLAB200B 要等待 4s 后才开始采样），运行画面如附图 34 所示，此时右上角显示 RUN，表示现在处于 RUN 状态，记录仪一边采样一边记录，当实验结束时，按(停止)键停止采样和记录。在记录仪处于 STOP 状态下，PC 机可以通过通讯电缆读取记录仪记录的历史数据。

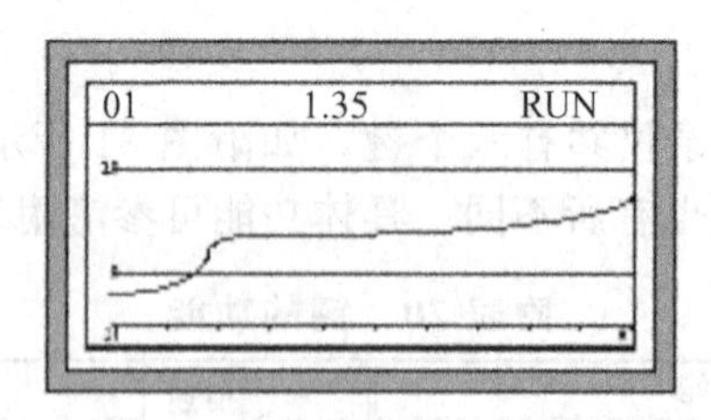

附图 34

(2) 改变时标值

相当于在水平方向上对曲线进行等比例放大或缩小，共有六种时标可供选择，分别是 2m、4m、10m、20m、40m、60m，可使得用户更精确地了解在某段时间内的运行曲线。当选择时标为 10m 时，则可观察 10min 内的趋势曲线，如果选择 60m，则可观察 60min 之内的趋势曲线。见附图 35。

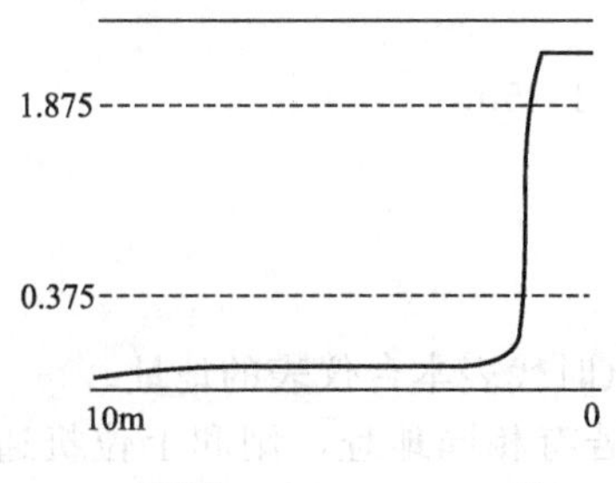

附图 35(a)　10min 时标

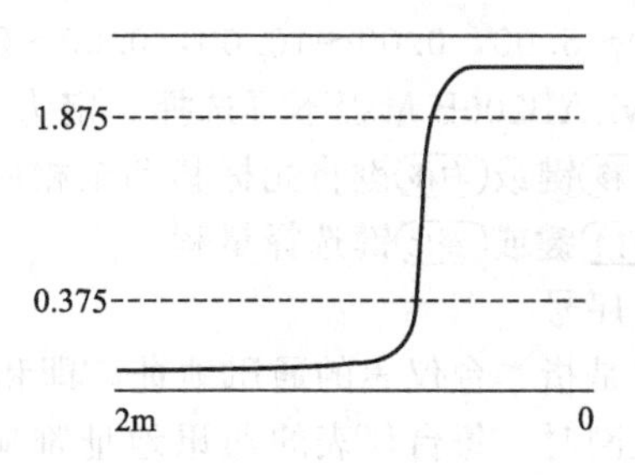

附图 35(b)　2min 时标

按(时标)键，切换到下一个时标值并显示相应的曲线。

(3) 画面切换

按(确认)键切换到历史追忆画面。

2. 追忆画面

追忆画面能够追忆历史数据。如附图 36 所示，屏幕上部的数值是指曲线最右侧那一时刻的测量值。

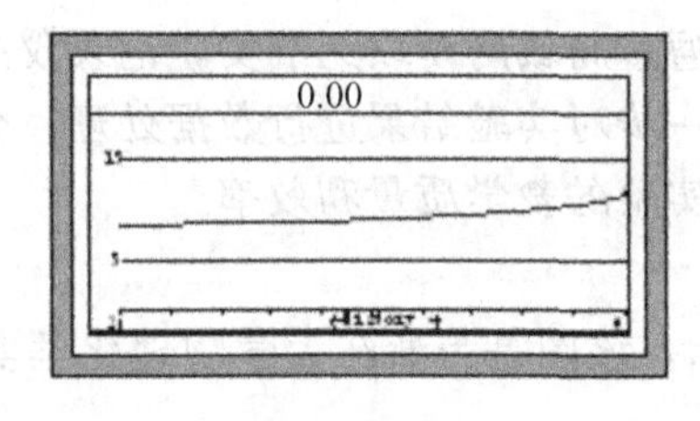

附图 36

(1) 改变时标

按(时标)键；

时标值改变并显示相应时段内的曲线。

(2) 曲线追忆

按(左移)键，曲线向前平移一个记录间隔；

按(右移)键，曲线向后平移一个记录间隔。

(3) 画面切换

按(确认)键切换到实时画面。

三、组态画面

在任意一幅运行画面下，同时按下(时标)键和(确认)键，则进入组态画面。附图 37 所示为组态画面。

量程：−0.250~2.250
序号：01
退出

附图 37

(1) 量程

SunyLAB200A 可以选择量程，此量程只对曲线显示（即放大和缩小）有效，量程分为：0.00～5.00，0.00～10.00，0.00～20.00。

SunyLAB200B 量程不可选择，定为：−0.250～2.250。

按(左移)键或(右移)键将光标移动至相应的位置；

按(开始)键或(停止)键选择量程。

(2) 序号

序号是指本台仪表的通讯地址，即和上位机通讯时代表本台仪表的地址。

在联网时，每台仪表的通讯地址都应该独立，若有相同地址，则和上位机通讯时会出错。通讯地址的范围为 0～63。

按(左移)键或(右移)键将光标移动至相应的位置；

按(开始)键或(停止)键选择此仪表的通讯地址。

(3) 退出组态

按(左移)键或(右移)键将光标移动至“退出”；

按(确认)键确认；

仪表自动进入实时显示画面。

上位机分析管理软件

上位机分析管理软件可以通过局域网读取无纸实验记录仪的实验数据，并将数据保存在相应的数据库中，然后可以进一步对实验结果进行数据处理、分析和打印，计算机的强大计算能力和网络化，大大提高了实验的教学质量和效率。

四、软件主画面

软件主画面如附图 38 所示，该图是为浙江大学物理化学实验室定制的主画面，每个学校可以定制自己的主画面。

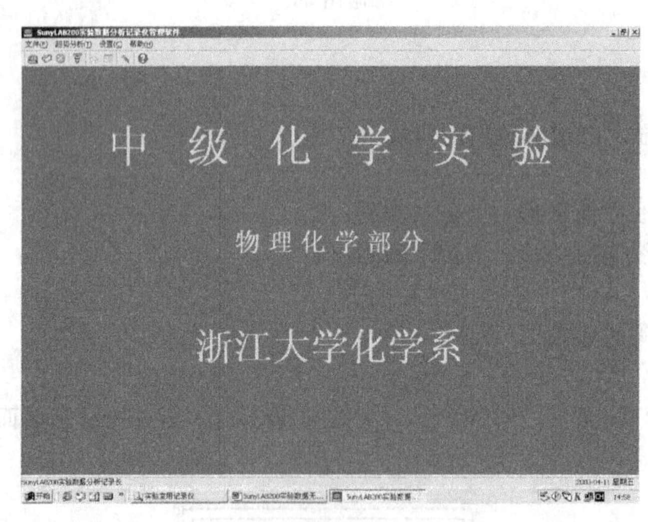

附图 38

创建数据库

数据库是计算机存储数据的形式，上位机从无纸实验记录仪读取实验数据后，将其储存在数据库里面。首先要创建数据库，可以按专业班级来创建数据库，我们以材料 3 班为例。点击主菜单中的“文件”菜单，如附图 39 所示。

选择文件菜单中的“数据库管理”，进入数据库管理画面，见附图 40。

点击“创建新数据库”，出现附图 41，输入数据库名“材料 3 班”，并选择路径，点击

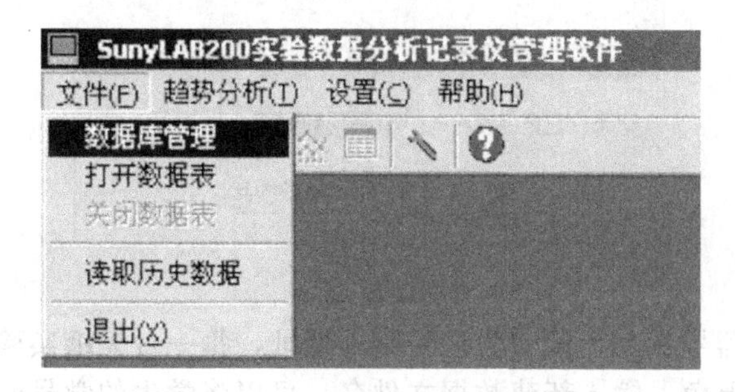

附图 39

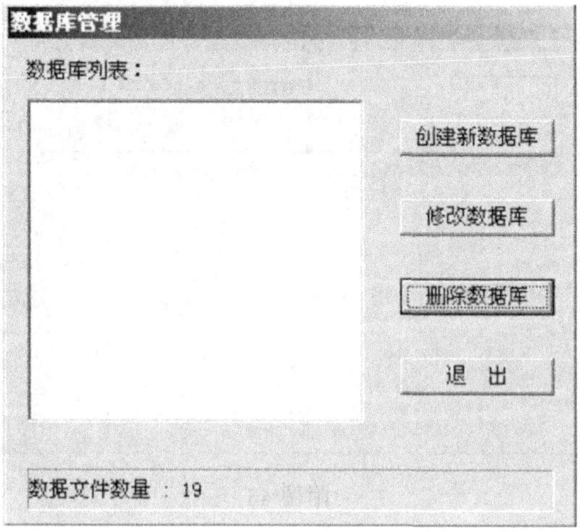

附图 40

创建，就完成了数据库的创建。

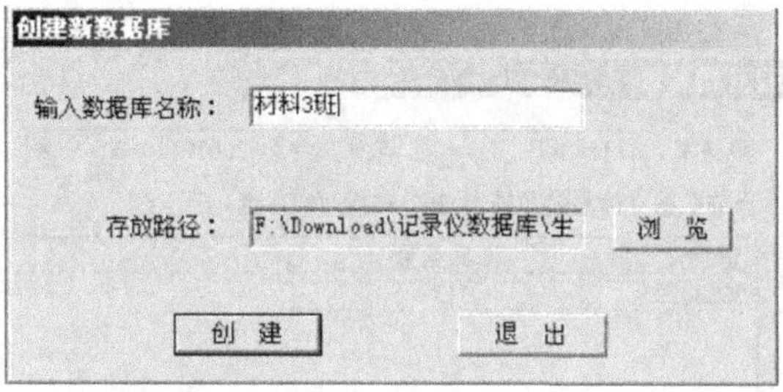

附图 41

五、系统设置

创建了数据库之后，就要进行系统设置，以选择所需要的数据库。点击主菜单中设置菜单下的系统设置，出现如附图 42 所示的画面，选择材料 3 班，确定后退出。

这样，计算机将无纸实验记录仪传上来的实验数据都会自动存入“材料 3 班”的数据库中。

六、读取历史数据

计算机通过网络读取无纸实验记录仪的实验数据，这里所说的历史数据就是无纸实验记录仪存储的实验数据。选择文件菜单中的“读取历史数据”，出现如附图 43 所示画面。

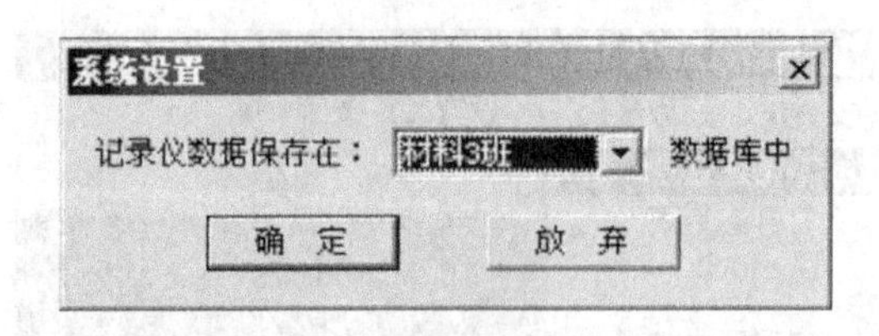

附图 42

选择仪器号，仪器号就是无纸实验记录仪的地址，每一台无纸实验记录仪都有自己的地址，显示在画面的左上角。输入新建数据文件名，可以将学生的学号作为该文件名。点击读取后，需要经过 4s 读取完成，然后点击保存，弹出“是否清空数据缓冲”，选择是，退出。

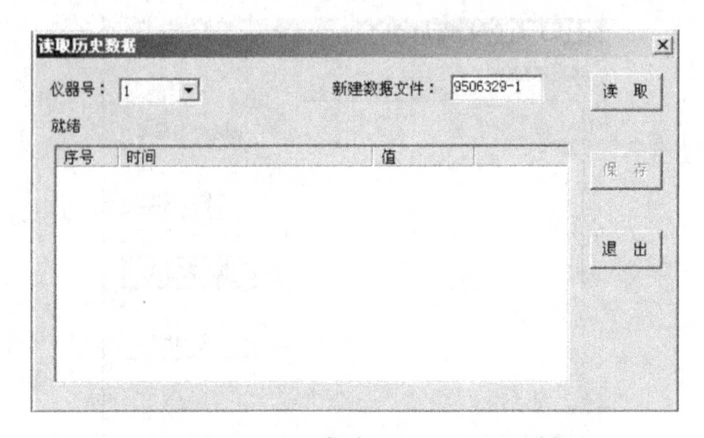

附图 43

七、打开数据表

计算机要处理和分析实验数据前，必须先打开所需要的数据表，点击文件菜单中的打开数据表，出现如附图 44 所示画面。

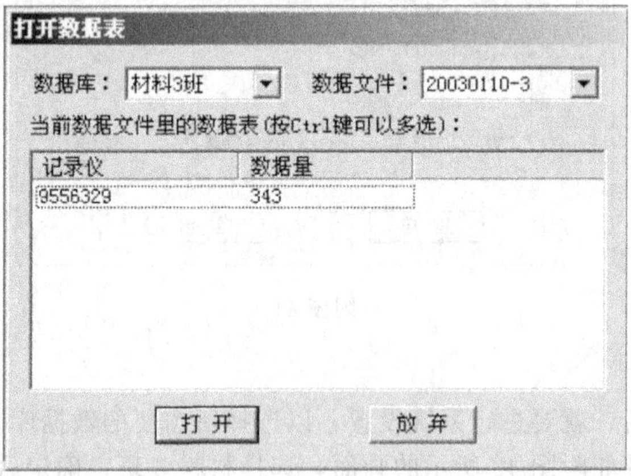

附图 44

选择数据库名和数据文件，选中记录表中的记录项，点击“打开”。

八、趋势图谱

计算机可以将无纸实验记录仪传上来的实验数据描绘成以时间为横轴方向的趋势曲线。选择主菜单的趋势分析中的趋势图谱，出现如附图 45 所示画面。

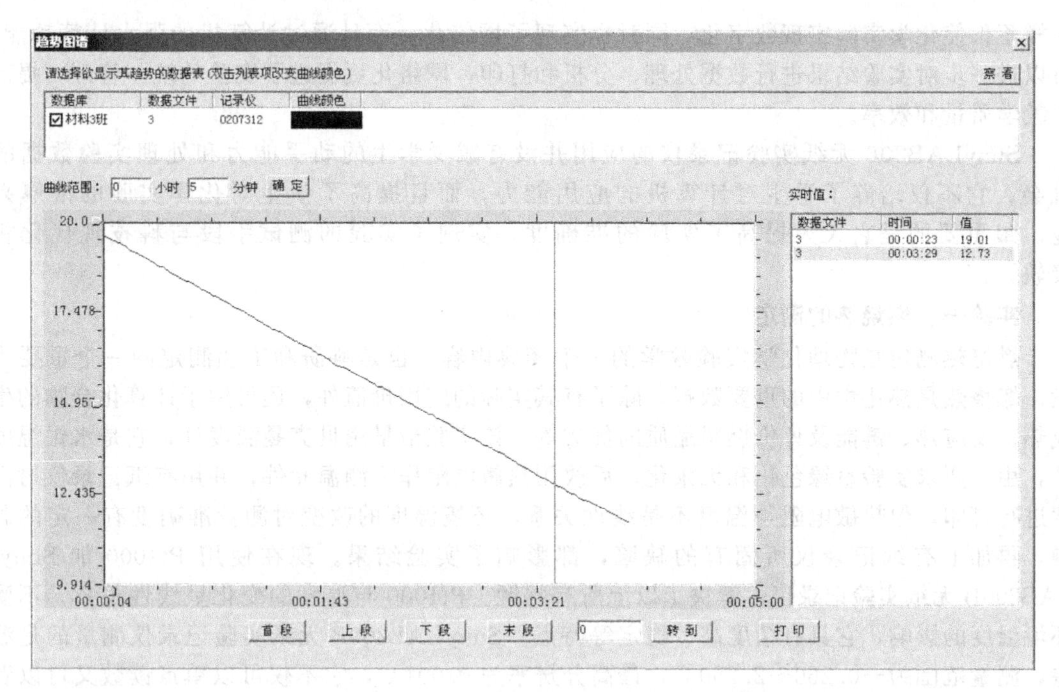

附图 45

在数据表名前的选择框内打√，点击查看，计算机就会在下面左侧的图框内描绘出趋势曲线，鼠标点击曲线上的任一点，在右边的图框内就会列出该点的时间和值。在曲线范围的文本框内输入曲线的时间范围，可以查看一定时间内的趋势曲线。在纵、横坐标上都有两个标尺可以移动，可以拖动标尺来实现曲线的局部伸缩。

点击右下的“打印”按钮，可以将曲线和右侧的数据列表打印在 A4 纸张上。

SunyLAB200 系列无纸实验记录仪在物理化学实验中的应用

SunyLAB200 系列无纸实验记录仪是浙江浙大中自集成控制股份有限公司利用其雄厚的技术基础和超前的科技意识，依靠其多年的仪器仪表开发、应用经验，在与浙江大学化学实验教学中心共同探讨基础上，联合开发的一种新产品。它已成功应用于物理化学实验中的“燃烧热的测定”、“二组分简单共熔体系相图的绘制”、“甲酸氧化反应动力学”和“乙酸乙酯皂化反应速率系数的测定”等实验中去。这一产品的问世，不仅给实验室的老师、同学带来无可比拟的方便、实用、有效，而且填补了国内这一领域的空白，具有极高的性价比和推广应用价值。

SunyLAB200 系列无纸实验记录仪是以先进的 CPU 为核心、辅以大规模集成电路和图形液晶显示器的新型无纸实验记录仪表，具有体积小、功耗低、精度高、通用性强、运行稳定、可靠等特点。与传统有纸记录仪相比，它彻底取消了传统有纸记录仪的纸、墨、笔及其机械传动部件，克服了传统有纸记录仪卡纸、卡笔、断线，墨水易堵、易干等各种故障，免去了现场换纸、换笔、添墨等大量日常维护工作，提高了记录仪的可靠性，并节省了纸、笔等耗材和日常性维护费用。

多台 SunyLAB200 无纸实验记录仪与计算机通过 RS485 总线构成了一个小型局域网，

这样不仅使化学实验实现数字化，同时也实现了网络化，而且通过计算机的强大计算功能，可以进一步对实验结果进行数据处理、分析和打印，网络化更促进了实验的统一管理，提高了教学质量和效率。

SunyLAB200 无纸实验记录仪的应用并没有减少学生的动手能力和处理实验数据的机会，它不仅培养了学生对计算机的应用能力，而且提高了学生对化学实验的浓厚兴趣。最重要的是它大大提高了实验的准确度，实现了实验的测试手段与科技现代化相接轨。

实验一、燃烧热的测定

燃烧热测定是物理化学实验教学的一个经典内容，也是科研和工业测定的一个重要手段。燃烧热是热化学中的重要数据，除了有其实际的应用价值外，还可用于计算化合物的生成热、反应热、键能及评价燃料品质的优劣等。该实验最早用贝克曼温度计，它是水银温度计，由于要求实验室绿色化和无汞化，后改用热敏电阻作为测温元件，并用有纸记录仪对温度进行打印，但热敏电阻与温度不是线性关系，环境温度的改变对测量准确度有一定的影响，再加上有纸记录仪所固有的缺陷，都影响了实验结果。现在使用 Pt1000 加 SunyLAB200B 无纸实验记录仪，解决了以上所有问题。Pt1000 与温度的变化呈线性关系，不受环境温度的影响，它具有精度高、稳定等特点；SunyLAB200B 无纸实验记录仪测量的是温差，测量范围为－0.250～2.250℃，最高分辨率为 0.001℃，它不仅可以单点读数又可以看曲线趋势。

实验准备就绪后，按“开始”键（无纸实验记录仪的详细操作请见本书“SunyLAB200 系列无纸实验记录仪运行与组态操作”），仪表开始自动调零，将当前温度作为温度零点，这样就免去了用有纸记录仪时调节电桥的麻烦，也可省去其他相关测试设备。大致在 4s 过后，无纸实验记录仪开始采集数据，采样和记录同步进行，周期为 1s，在采样和记录的同时还在图形液晶上显示趋势曲线（如附图 46 所示），从而可以看到实验的曲线趋势。实验结束时，按“停止”键停止采样和记录，然后通过网络连接，计算机将无纸实验记录仪的历史数据读上去，供分析软件处理、分析和打印实验数据。

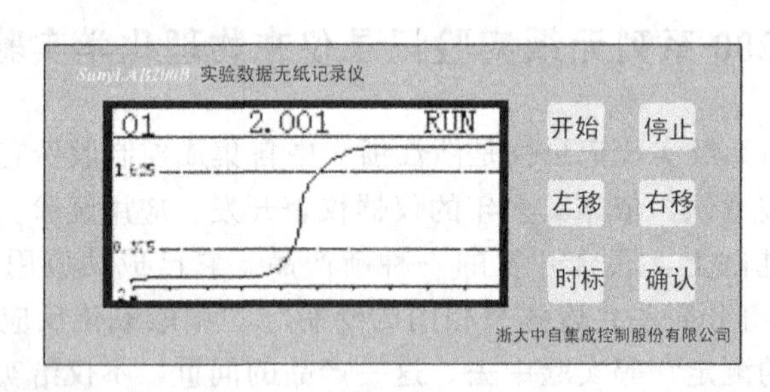

附图 46

实验二、二组分简单共熔体系相图的绘制

本实验采用热分析法中的步冷曲线方法绘制铅-锡体系的固液平衡相图。将物系加热熔融成一均匀液相，然后使其缓慢冷却。温度传感器采用热电偶，无纸实验记录仪以采样周期为 1s 的速度采样并记录热电偶输出电压值，并在图形液晶画面上显示出电压和时间的关系曲线，称为冷却曲线或步冷曲线。该实验原来使用电位差计隔 15s 读一次数据，学生工作量很大，且容易带入偶然误差，数据不准确，使用 SunyLAB200A 无纸实验记录仪大大减少了工作量，而且提高了测量准确度。

实验开始前，将热电偶的正负极分别接到仪表的正负极上（仪表后红色接线柱为正，黑色为负），按“开始”键后，SunyLAB200A 无纸实验记录仪以 1s 为周期采样和记录实验数据（附图 47），实验结束时，按“停止”键停止采样和记录，然后通过网络连接，计算机将无纸实验记录仪的历史数据读上去，供分析软件处理、分析和打印实验数据。

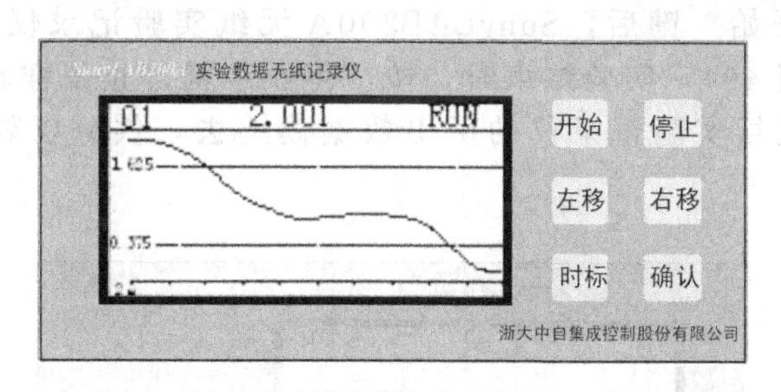

附图 47

实验三、甲酸氧化反应动力学

宏观化学动力学将反应速率与宏观变量浓度、温度等联系起来，建立反应速率方程，方程包含速率系数、反应级数、活化能和指前因子等特征参数，动力学实验主要就是测定这些特征参数。本实验主要利用电动势法并采用 SunyLAB200A 无纸实验记录仪来测定甲酸被溴氧化的反应级数、速率常数，并最终计算该反应的表观活化能 E_a。

为了提高测量精度，将甘汞电极和铂电极分别接到电桥的两极，通过电桥将电位差的变化放大，电桥出来后的两极再接入 SunyLAB200A 无纸实验记录仪的正负极上。按“开始”键后，SunyLAB200A 无纸实验记录仪以 1s 为周期采样和记录实验数据（附图 48），实验结束时，按“停止”键停止采样和记录，然后通过网络连接，计算机将无纸实验记录仪的历史数据读上去，供分析软件处理、分析和打印实验数据。

由于该实验需要调节电桥，而且要将电桥的输出调节在 0～20mV 之间，所以在调节的过程中，要观察无纸实验记录仪的测量值，当电桥电压输出小于 0 时，记录仪的左上角，在编号右侧会有一个实心的圆圈“●”在闪烁，表明此时应该逆方向调节电桥；当电桥输出超过 20mV 时，记录仪的曲线始终在最上面，但仍有数值显示，可以直接看数值知道电桥的输出值大小，此时也应该逆方向调节电桥。

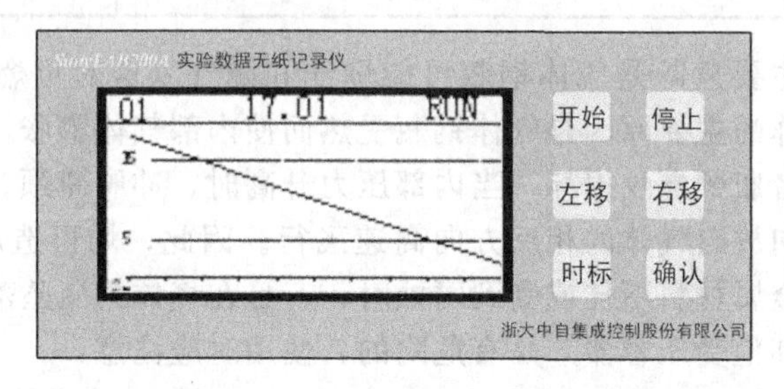

附图 48

实验四、乙酸乙酯皂化反应速率系数的测定

化学动力学实验的基本内容是测定不同温度时反应物或产物的浓度随时间的变化。本实验用电导法测定乙酸乙酯皂化反应的速率常数和活化能，了解测定化学反应动力学参数的物理化学分析法。该实验原来用有纸记录仪时，对着曲线取 12～15 个实验点，容易带入误差，而采用 SunyLAB200A 无纸实验记录仪，它不仅能给出实验曲线，还可以给出多个点的实验数据，这样减少了偶然误差。

在本实验中，将电导率仪输出的两个电极接到 SunyLAB200A 无纸实验记录仪的正负极上，电导率数据就不必从电导率仪上读出，而是直接用无纸实验记录仪进行测量和记录。按“开始”键后，SunyLAB200A 无纸实验记录仪以 1s 为周期采样和记录实验数据（附图 49），实验结束时，按“停止”键停止采样和记录，然后通过网络连接，计算机将无纸实验记录仪的历史数据读上去，供分析软件处理、分析和打印实验数据。

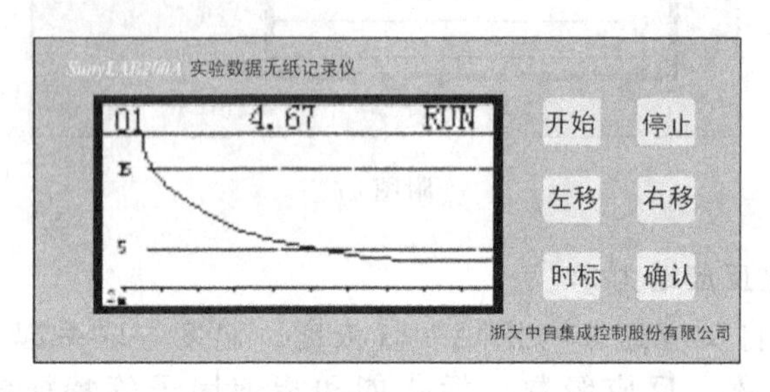

附图 49

附录五 高压钢瓶的使用

气体钢瓶是由无缝碳素钢或合金钢制成。适用于装介质压力在 150 大气压（15MPa）以下的气体。标准气瓶类型见附表 21：

附表 21 常用气体钢瓶

气体类型	用 途	工作压力 /$kgf \cdot cm^{-2}$	试验压力/$kgf \cdot cm^{-2}$	
			水压试验	气压试验
甲	装 O_2、H_2、N_2、CH_4、压缩空气和惰性气体	150	225	150
乙	装煤气及 O_2 等	125	190	125
丙	装 NH_3、氯气和异丁烯等	30	60	30
丁	装 SO_2 等	6	12	6

使用气体钢瓶的主要危险是气体钢瓶可能爆炸和漏气（这对可燃气体钢瓶就更危险）。已充气的气体钢瓶爆炸的主要原因是气体钢瓶受热而使内部气体膨胀，压力超过气体钢瓶的最大负荷而爆炸。或者瓶颈螺纹损坏，当内部压力升高时，冲脱瓶颈。在这种情况下，气体钢瓶按火箭作用原理向放出气体的相反方向高速飞行。因此，均可造成很大的破坏和伤亡。另外，如果气体钢瓶金属材料不佳或受到腐蚀时，一旦在气体钢瓶坠落或撞击坚硬物时就会发生爆裂。钢瓶（或其他受压容器）是有危险的，使用时应注意：

① 钢瓶应存放在阴凉、干燥、远离热源（如阳光、暖气、炉火等）的地方。

② 搬运气体钢瓶时要轻、稳，要把瓶帽旋上。放置使用时必须牢靠，固定好。

③ 使用时要用气压表（NH_3，CO_2 可例外）。一般可燃性气体的钢瓶气门螺纹是反扣的（如 H_2，C_2H_2）。不燃性或助燃性气体的钢瓶是正扣的（如 N_2,O_2）。各种气压表不得混用。

④ 绝不可使油或其他易燃性有机物沾染在钢瓶上（特别是出口和气压表）。也不可用棉、麻等物堵漏，以防燃烧引起事故。

⑤ 开启阀门时，应站在气压表的另一侧，更不允许把头或身体对准气体总阀门，以防阀门或气压表冲出伤人。

⑥ 不可把气瓶内的气体用尽，以防重新灌气时发生危险。

⑦ 使用时注意各气瓶上漆的颜色及标字，避免混淆。附表 22 为我国气瓶常用标记。

附表 22　我国气瓶常用标记

气体类型	瓶身颜色	标字颜色	气体类型	瓶身颜色	标字颜色
氮	黑	黄	二氧化碳	黑	黄
氧	天蓝	黑	氯	黄绿	黄
氢	深绿	红	其他一切可燃气体	红	白
空气	黑	白	其他一切不可燃气体	黑	黄
氨	黄	黑			

⑧ 使用期间的气瓶每隔三年至少要进行一次检验。用来装腐蚀性气体的气体钢瓶每两年至少要检验一次。不合格的气瓶应报废或降级使用。

⑨ 氢气钢瓶最好放在远离实验室的小屋内，用导管引入（千万要防止漏气）。并应加防止回火的装置。

参 考 文 献

[1] 傅献彩等. 物理化学（上、下册）. 第四版. 北京：高等教育出版社，1990.
[2] 天津大学物理化学教研室编，王正烈，周亚平修订. 物理化学（上、下册）. 第四版. 北京：高等教育出版社，2001.
[3] 印永嘉，奚正楷，李大珍编. 物理化学简明教程. 第三版. 北京：高等教育出版社，1992.
[4] 吕德义，王晓南，潘传智编. 物理化学实验. 北京：中国国际广播出版社，1997.
[5] 单尚，倪哲明，吕德义，刘连庆. 现代物理化学实验. 北京：中国商业出版社，2002.
[6] 邹文樵等. 物理化学实验. 上海：华东化工学院出版社，1990.
[7] 蔡良珍，虞大红，肖繁花，苏克曼编. 大学基础化学实验(Ⅱ). 北京：化学工业出版社，2003.
[8] 浙江大学等. 综合化学实验. 北京：高等教育出版社，2003.
[9] 刘澄番，腾弘霓，王世权编. 物理化学实验. 北京：化学工业出版社，2002.
[10] 黄泰山，陈良坦，韩国林，吴金添编. 新编物理化学实验. 厦门：厦门大学出版社，1999.
[11] 北京大学化学学院物理化学实验教学组. 物理化学实验. 北京：北京大学出版社，2005.
[12] 戴维·P·休梅尔等著. 物理化学实验. 第四版. 俞鼎琼译. 北京：化学工业出版社，1990.
[13] E Hala，et al. Vapour-Liquid Equilibrium. 2nd Ed. Pergamon Press Ltd，1967.